|水利水电工程信息化 BIM 丛书|

HydroBIM-
升船机数字化设计

李自冲　主编

·北京·

内 容 提 要

本书既是对中国电建集团昆明勘测设计研究院有限公司十多年来水力式升船机设计及 BIM 技术研究与应用成果的系统总结，也是对新型水力式升船机进行的探索和思考。全书共 9 章，主要内容包括：升船机的整体布置及系统组成、升船机数值仿真技术运用、水力系统 HydroBIM 设计、机械系统 HydroBIM 设计、上下闸首 HydroBIM 设计、土建结构 HydroBIM 设计以及监控及检测系统。

本书可供水力式升船机设计人员借鉴，也可作为高等院校相关专业师生教学的参考用书。

图书在版编目（ＣＩＰ）数据

HydroBIM-升船机数字化设计 / 李自冲主编. -- 北京：中国水利水电出版社，2018.9
 （水利水电工程信息化BIM丛书）
 ISBN 978-7-5170-6384-1

Ⅰ. ①H… Ⅱ. ①李… Ⅲ. ①升船机—计算机辅助设计—应用软件 Ⅳ. ①U642.2

中国版本图书馆CIP数据核字(2018)第063801号

书　　名	水利水电工程信息化 BIM 丛书 **HydroBIM -升船机数字化设计** HydroBIM - SHENGCHUANJI SHUZIHUA SHEJI
作　　者	主编　李自冲
出版发行	中国水利水电出版社 （北京市海淀区玉渊潭南路1号D座　100038） 网址：www.waterpub.com.cn E-mail：sales@waterpub.com.cn 电话：（010）68367658（营销中心）
经　　售	北京科水图书销售中心（零售） 电话：（010）88383994、63202643、68545874 全国各地新华书店和相关出版物销售网点
排　　版	中国水利水电出版社微机排版中心
印　　刷	北京博图彩色印刷有限公司
规　　格	184mm×260mm　16开本　11印张　204千字
版　　次	2018年9月第1版　2018年9月第1次印刷
印　　数	0001—2000 册
定　　价	**70.00** 元

凡购买我社图书，如有缺页、倒页、脱页的，本社营销中心负责调换

版权所有·侵权必究

"水利水电工程信息化BIM丛书"
编委会

主　　任　张宗亮

副 主 任　曹以南

编　　委（以姓氏笔画为序）

　　　　　　马仁超　王　冲　王　娜　王小锋　王处军
　　　　　　刘　涵　严　磊　李　忠　李自冲　余俊阳
　　　　　　张礼兵　张宗亮　陈为雄　周志军　郑　勇
　　　　　　赵志勇　闻　平　曹　阳　曹以南　梁礼绘

《HydroBIM-升船机数字化设计》编写名单

主　　编　李自冲

副 主 编　曹以南　马仁超

参编人员　王处军　吴德新　凌　云　朱国金　陈瑞华
　　　　　谢思思　曹慧颖　李　斌　代　敏　崔　稚
　　　　　李　荣　生永贞　余俊阳　魏　源　丁　波
　　　　　廖照邦　陈　琪

编写单位　中国电建集团昆明勘测设计研究院有限公司

信息技术与工程深度融合是水利水电工程建设发展的重要方向！

中国工程院院士
张建云
2016年6月

丛 书 序

中国的水利建设事业有着辉煌且源远流长的历史，四川的都江堰枢纽工程、陕西的郑国渠灌溉工程、广西的灵渠运河、京杭大运河等均始建于公元前，公元年间相继建有黄河大堤等各种水利工程。新中国成立后，水利事业开始进入了历史新篇章，三门峡、葛洲坝、小浪底、三峡等重大水利枢纽相继建成，为国家的防洪、灌溉、发电、航运等作出了巨大贡献。

诚然，国内的水利水电工程建设水平有了巨大的提高，糯扎渡、小湾、溪洛渡、锦屏一级等大型工程在规模上已处于世界领先水平，但是不断变更的设计过程、粗放型的施工管理与运维方式依然存在，严重制约了行业技术的进一步提升。解决这个问题需要国家、行业、企业各方面一起努力，其中一项重要工作就是要充分利用信息技术，在水利水电建设全行业实施信息化，利用信息化技术整合产业链资源，实现全产业链的协同工作，促进水利水电行业的更进一步发展。当前，工程领域最热议的信息技术，就是建筑信息模型（BIM），这是全世界普遍认同的，已经在建筑行业产生了重大、深远的影响。这对同属于工程建设领域的水利水电行业，有着极其重要的借鉴和参考意义。

中国电建集团昆明勘测设计研究院有限公司（以下简称"电建昆明院"）1957年正式成立，至今已有60多年的发展历史，是世界500强中国电力建设集团有限公司的成员企业。自2005年开始三维设计及BIM技术应用探索，在秉承"解放思想、坚定不移、不惜代价、全面推进"的指导方针和"面向工程，全员参与"的设计理念下，开展BIM正向设计及信息技术与工程建设深度融合研究及实践，在此基础上凝练提出了HydroBIM，作为水利水电工程规划设计、工程建设、运行管理一体化、信息化的最佳解决方案。HydroBIM 即水利水电工程建筑信息模型（Hydroelectrical and Hydraulic Engineering Building Information Modeling），是学习借鉴建筑业 BIM 和制造业 PLM 理念和技术，引入

"工业4.0"和"互联网+"概念和技术，发展起来的一种多维（3D、4D-进度/寿命、5D-投资、6D-质量、7D-安全、8D-环境、9D-成本/效益……）信息模型大数据、全流程、智能化管理技术，是以信息驱动为核心的现代工程建设管理的发展方向，是实现工程建设精细化管理的重要手段。电建昆明院 HydroBIM® 商标已正式获得由国家工商行政管理总局商标局颁发的商标注册证书。HydroBIM 与公司主业关系最贴切，具有高技术特征，易于全球流行和识别。

经过十多年的研发与工程应用，电建昆明院已经建立了完整的 HydroBIM 理论基础和技术体系，编制了 HydroBIM 技术标准体系及系列技术规程，研发形成了"综合平台＋子平台＋专业系统"的 HydroBIM 集群平台，实现了规划设计、工程建设、运营维护三大阶段的工程全生命周期 BIM 应用，并成功应用于能源、水利、水务、城建、市政、交通、环保、移民等多个业务领域，极大地支撑了传统业务和多元化业务的技术创新与市场开拓，成为了转型升级的利器。HydroBIM 应用成果多次获得国际、国内顶级 BIM 应用大赛的重要奖项，电建昆明院被全球最大 BIM 软件商 Autodesk Inc. 誉为基础设施行业 BIM 技术研发与应用的标杆企业。

电建昆明院 HydroBIM 团队完成了"水利水电工程信息化 BIM 丛书"的策划和编写。该丛书是第一套出自实战、实际应用的工程师之手，以数字化、信息化技术给出了水利水电项目规划设计、工程建设、运行管理完整解决方案的著作，对大土木工程也有很好的借鉴价值。在十多年的 BIM 研究及实践中，他们秉承"正向设计"理念，坚持信息技术与工程建设深度融合之路，在信息化基础之上整合增值服务，为客户提供多维度数据服务、创造更大价值，他们自身也得到了极大的提升，丛书就是他们十多年运用 BIM 等先进信息技术正向设计的精华大成，是十多年来三维设计及 BIM 技术研究与应用创新的系统总结，既可为水利水电行业管理人员和技术人员提供借鉴，也可作为高等院校相关专业师生的参考用书。

丛书于 2018 年被列入"十三五"国家重点图书出版规划，包括：《HydroBIM－数字化设计应用指南》《HydroBIM－厂房数字化设计》《HydroBIM－升船机数字化设计》《HydroBIM－闸门数字化设计》等。丛书有着开放性的专业体系，随着信息化技术的不断发展和 BIM 应用的不断深化，丛书将根据 BIM 技术在水利水电工程领域的应用发展持续扩充。

丛书的出版得到了中国水电工程顾问集团公司科技项目"高土石坝工程全生命周期管理系统开发研究"（GW-KJ-2012-29-01）及中国电力建设集团有限公司科技项目"水利水电项目机电工程 EPC 管理智能平台"（DJ-ZDXM-2014-23）和"水电工程规划设计、工程建设、运行管理一体化平台研究"（DJ-ZDXM-2015-25）的资助。感谢马洪琪院士为丛书题词，感谢丛书编写团队所有成员的辛勤劳动，感谢清华大学马智亮教授、欧特克软件（中国）有限公司大中华区技术总监李和良先生和中国区工程建设行业技术总监罗海涛先生等专家对丛书编写的支持和帮助，感谢中国水利水电出版社为丛书的出版所做的大量卓有成效的工作。

信息技术与工程深度融合是水利水电工程建设发展的重要方向。BIM 技术作为工程建设信息化的核心，是一项不断发展的新技术，限于理解深度和工程实践有限，丛书中难免有疏漏之处，敬请各位读者批评指正。

丛书编委会

2018 年 7 月

前言

我国幅员辽阔、流域众多,水利资源十分丰富,丰富的水利资源为航运、发电、供水、灌溉、养殖业等提供了优越的自然条件。

为充分利用水利资源,人们往往需要在自然河流上修建水坝,修建水坝后如何解决船舶的过坝问题,是广大水利工作者需要解决的问题。通航建筑物是解决筑坝和航运矛盾的主要手段,通航建筑物根据其型式又分为船闸和升船机两大类。升船机相比于船闸,具有克服水坝集中落差大、运行通过速度快的特点。

升船机又称"举船机",是利用机械装置升降船舶以克服航道上集中水位落差的通航建筑物,由承船厢、支承导向结构、驱动装置、事故装置等组成,能为船舶提供快速过坝通道。

水力式升船机是世界首创、中国原创,具有中国完全自主知识产权的新型升船机。水力式升船机具有原理新颖、安全可靠、机构简洁、节能环保的特点。2016年12月景洪水电站水力式升船机正式投入试运行,标志着世界首台水力式升船机成功建成,在世界通航领域具有里程碑意义。水力式升船机是集水动力、结构、机械、液压、电气等于一体的复杂系统,根据其特性,可以分为水力系统、机械系统(塔楼金属结构设备)、闸首金属结构设备、土建结构、监控及检测系统、辅助系统等。

BIM(Building Information Modeling)是建筑信息模型的简称,最初由建筑行业提出,后逐渐拓展到整个工程建设领域。BIM以三维数字技术为基础,集成了工程项目各种相关信息,最终形成工程数据模型,是对工程项目设施实体与功能特性的数字化表达。BIM具有单一工程数据源,可解决分布式、异构工程数据之间的一致性和全局共享问题,支持建设项目全生命周期中动态的工程信息创建、管理和共享;同时又是一种应用于设计、建造、管理的数字化方法，这种方法支持工程项目集成管理环境，可以使工程项目在其整个进程中提高效率并减少风险。

水力式升船机的设计是一项复杂的系统集成工程，在升船机的设计过程中采用BIM技术，可快速、高效地完成升船机设计，具有设计质量和设计效率高、设计成果直观的特点。

中国电建集团昆明勘测设计研究院有限公司（以下简称"电建昆明院"）是景洪水力式升船机的工程设计单位，设计过程中应用BIM技术，成功解决了水力式升船机的水力学问题、抗倾斜数字模拟等技术问题，并采用三维制图完成工程设计，为水力式升船机和BIM技术的结合探索出了行之有效的解决方法。

在此背景下，电建昆明院对水力式升船机BIM技术应用研究开展了大量工作，取得了一些成果，本书即为成果之一。本书系统介绍了水力式升船机的整体布置、数值仿真技术应用、水力系统HydroBIM设计、机械系统HydroBIM设计、闸首HydroBIM设计、土建结构HydroBIM设计等，目的是使读者了解HydroBIM技术在水力式升船机设计中的应用内容及方法。

景洪水电站水力式升船机作为一种新型升船机，是世界高坝通航领域的重大创新。景洪升船机整个建设实践过程充满了挑战，是一次对水力式升船机不断探索、不断总结、不断深化认识的过程。广大建设、设计、科研、施工和管理人员夜以继日、团结奋进、在攻坚克难中追求卓越，解决了景洪升船机建设过程中一个又一个的技术难题。

编者有幸参与了景洪升船机的设计，回想整个设计过程，深感创新之不易，对一直热情关心和大力支持的领导、同仁和朋友表示衷心的感谢。在此，特别感谢项目业主华能澜沧江水电股份有限公司，科研单位水利部交通运输部国家能源局南京水利科学研究院、中国水利水电科学研究院、机械科学研究总院中机生产力促进中心以及河海大学，制造单位中信重工机械股份有限公司，安装单位中国葛洲坝集团股份有限公司景洪项目部，以及监理单位华电郑州机械设计研究院有限公司给予的大力支持！

由于时间和水平所限，书中难免存在疏漏之处，敬请读者批评指正。

编者

2018年7月

目录

丛书序
前言

第1章 概述 ································ 1
1.1 升船机的主要功能 ···················· 1
1.2 升船机的原理及特点 ·················· 2
1.3 HydroBIM 的设计流程 ················ 3
1.4 升船机 HydroBIM 设计 ··············· 6

第2章 升船机的整体布置及系统组成 ··· 10
2.1 升船机的整体布置 ··················· 11
2.2 升船机的系统组成 ··················· 15

第3章 升船机数值仿真技术运用 ········ 17
3.1 抗倾斜数值模拟 ····················· 17
3.2 水力系统数值模拟 ··················· 40

第4章 水力系统 HydroBIM 设计 ······· 52
4.1 水力系统的功能 ····················· 52
4.2 水力系统的组成 ····················· 52
4.3 输水系统进口及设备布置 ············ 55
4.4 充泄水系统 ·························· 56
4.5 输水系统出口及设备布置 ············ 73

第5章 机械系统 HydroBIM 设计 ······· 75
5.1 机械系统的功能 ····················· 75
5.2 机械系统的组成 ····················· 75
5.3 承船厢总成 ·························· 76
5.4 卷筒及同步系统 ····················· 94

5.5 浮筒及动滑轮装置 …………………………………………………………… 100
5.6 钢丝绳组件 …………………………………………………………………… 102

第 6 章　上下闸首 HydroBIM 设计 …………………………………………… 106
6.1 闸首金属结构设备的组成 …………………………………………………… 106
6.2 闸首金属结构设备的功能 …………………………………………………… 106
6.3 上闸首事故闸门 ……………………………………………………………… 108
6.4 上闸首工作大门 ……………………………………………………………… 109
6.5 下闸首检修闸门 ……………………………………………………………… 111

第 7 章　土建结构 HydroBIM 设计 …………………………………………… 112
7.1 上闸首土建结构 ……………………………………………………………… 114
7.2 塔楼土建结构 ………………………………………………………………… 124
7.3 下闸首土建结构 ……………………………………………………………… 141
7.4 引航道 ………………………………………………………………………… 148
7.5 结构安全监测 ………………………………………………………………… 151

第 8 章　监控及检测系统 ………………………………………………………… 154
8.1 监控检测系统总体要求 ……………………………………………………… 154
8.2 运行检测系统 ………………………………………………………………… 154
8.3 检测量的分类 ………………………………………………………………… 154
8.4 升船机的主要检测部位 ……………………………………………………… 155
8.5 计算机监控系统 ……………………………………………………………… 155

第 9 章　结论与展望 ……………………………………………………………… 158

参考文献 …………………………………………………………………………… 160

第 1 章 概 述

1.1 升船机的主要功能

升船机又称"举船机",是利用机械装置升降船舶以克服航道上集中水位落差的通航建筑物,能为船舶提供快速过坝通道,由承船厢、支承导向结构、驱动装置、事故装置等组成。

升船机作为一种升降船舶的机械设施,其原始雏形为在黏土滑道上用人工木绞盘作为动力工具,拖运小型船舶过坝的设备。最早的机械化升船机是1788 年在英国开特里建造的斜面干运升船机。现代化大型升船机出现在 20 世纪,自 1934 年在德国建造了尼德芬诺垂直升船机以来,升船机发展到一个新

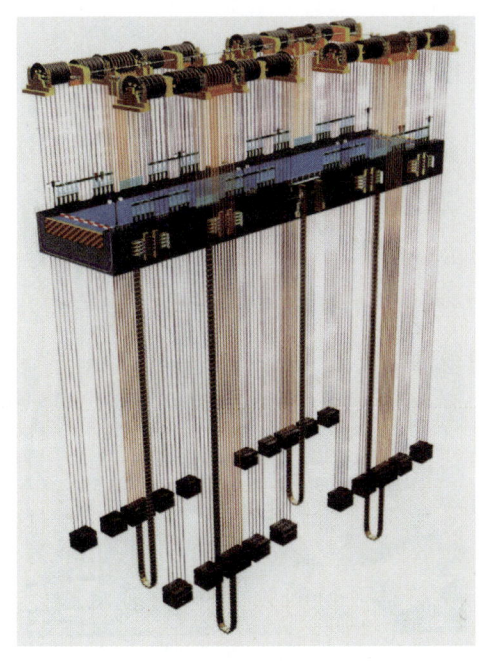

图 1.1 电动钢丝绳卷扬式升船机

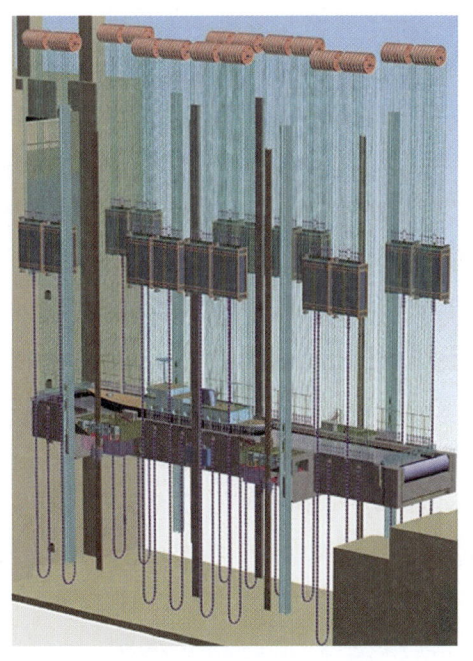

图 1.2 齿轮齿条式升船机

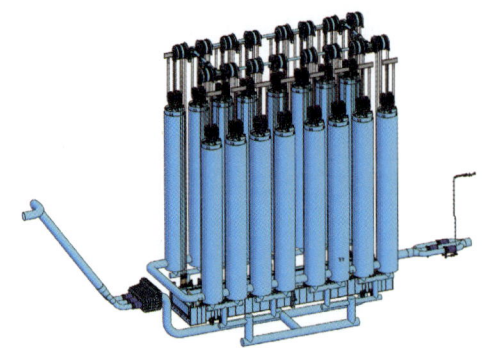

图 1.3 水力式升船机

阶段，提升的船舶吨位显著增大，提升高度增加，类型不断增多。目前国内升船机按动力驱动方式划分，可分为电动钢丝绳卷扬式升船机、齿轮齿条式升船机和水力式升船机三种型式。各类型升船机的示意图见图 1.1~图 1.3。

鉴于水力式升船机的独特性，本书主要介绍 HydroBIM 在水力式升船机设计中的运用。

1.2 升船机的原理及特点

水力式升船机的基本原理是将平衡重做成重量和体积合适的浮筒，浮筒井（简称竖井）布置在升船机塔楼中，承船厢布置在两侧塔楼的中间，悬吊承船厢的钢丝绳布置在承船厢两侧，钢丝绳绕过升船机塔楼顶部的卷筒、动滑轮后固定在钢丝绳固定端均衡梁上。平衡重浮筒的结构重量及配重重量分别大于承船厢结构重量和承船厢水体重量，利用充泄水工作阀门实现竖井内水位的升降，改变平衡重浮筒的入水深度实现浮筒的浮力变化，利用此浮力变化在承船厢重与浮筒重之间产生的差值来驱动承船厢升降运行。承船厢在升降过程中由于漏水等原因造成的载荷变化，可以通过竖井内平衡重浮筒淹没水深的自动改变予以适应，保证在任意位置承船厢侧的载荷与平衡重的载荷保持相对的平衡。水力式升船机通过控制竖井水位的升降来控制承船厢的运行。承船厢的运行速度由输水系统中充、泄水的流速来控制。

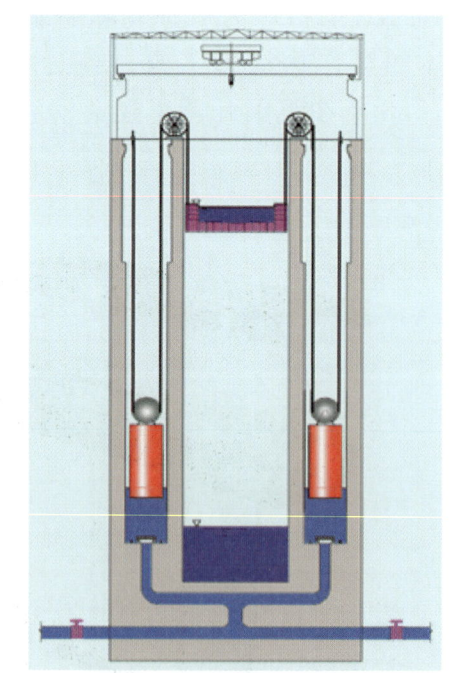

图 1.4 水力式升船机原理图

如图 1.4 所示，当承船厢需要上行时，上游的充水阀门处于关闭状态，打开下游的泄水阀门，竖井里面的水位下降，浮筒随之下降从而驱动承船厢上行；当承船厢需要下行时，下游的泄水阀门处于关闭状态，打开上游的充水阀门，竖井里面的水位上升，浮筒随之上升从而驱动承船厢下行。

水力式升船机与传统型式升船机相比，具有以下较为明显的优点：

(1) 具有很高的运行安全保证措施。在承船厢严重漏水甚至空厢状态等多种事故工况下仍可正常运行，方便快速疏散乘客，同时具有水力和机械两套同步系统，进一步确保升船机的运行平稳和安全可靠。

(2) 机构简约、控制简化、运行可靠安全。由于以水力驱动代替电力驱动，水力式升船机节省了主提升机及其控制设备、低速大扭矩减速箱及配套设备、复杂的安全装置和控制系统等，避开了升船机设计、制造、安装及其维护等方面的难题。同时，水力式升船机的所有控制都集中在充泄水阀门的启闭，操作灵活、简单、使用方便。

(3) 可轻松地实现与下游引航道的入水对接。能适应承船厢初始载水水深较大的变幅，即对承船厢误载水深的要求较低；能适应下游水位的较大变幅。

(4) 工程投资小，综合运行维护费用低。水力式升船机取消了主提升电机、低速大扭矩减速箱等设备，工程投资减少，相应的维护成本较低，因此具有较强的经济优势。

(5) 承船厢在升降过程中由于漏水等原因造成的载荷变化，可以通过竖井内平衡重浮筒淹没水深的自动改变予以适应，保证在任意位置承船厢侧的载荷与平衡重的载荷保持平衡，这是水力式升船机的本质安全，也是水力式升船机的最大优点。

水力式升船机是我国具有自主知识产权的一种高坝通航过坝建筑物型式，世界上尚无类似工程实例，本项目将填补国内外空白，为高坝通航过坝增加一种安全可靠的解决手段。水力式升船机是我国自主研发的一种新型升船机，依靠"水的浮力"驱动承船厢的运行，具有机构简单、安全可靠、绿色环保、运行平稳、易于维护保养等优越性。水力式升船机为解决在航运河道上修建水电站大坝和通航之间的矛盾起到了积极的作用，提供了一种安全、经济、快速的解决方式。

1.3 HydroBIM 的设计流程

HydroBIM 基本的设计流程见图 1.5。

由图 1.5 可看出，HydroBIM 设计主要包括三维设计及数值化分析。

1.3.1 三维设计

三维设计的主要优点如下：

(1) 设计成果直观。三维设计采用实体建模方式，三维设计模型与工程图

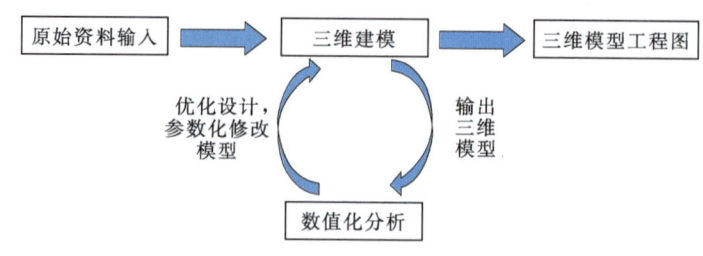

图 1.5　设计流程

一一对应，真正实现了所见即所得的设计手段，模型的唯一性带来工程图纸的唯一性。所设计的产品在制造前便直观地展现在工程设计人员面前，工程设计人员能最直观地研究所设计的产品，通过直观的设计模型激发设计人员的优化设计冲动和激情。直观的设计模型也便于后续制造及施工单位提前了解产品，便于设计交底，便于设计产品的推介。

（2）设计质量高。通过软件的碰撞检查、逻辑校验，可以大大提高设计的图纸质量，完全杜绝尺寸错误、干涉等二维设计中常出现的低级设计问题。同时由于三维设计的这一特点，校核、审查人员也无需将大量的时间花在尺寸校核上，而可以将主要精力放在产品的方案设计上。

（3）参数化驱动，提高设计效率。三维设计具有参数驱动功能，通过修改模型参数，既可快速地完成设计图纸的修改，又不会出现二维设计修改中常出现"顾此失彼"的现象。通过参数化设计减少重复性劳动，提高生产效率。

目前在水电设计行业广泛采用的三维设计软件有 Bentley 平台、Catia 平台、AutoDesk 平台、SolidWorks 平台，这些设计平台均能适应金属结构设计。三维设计主要采用了 AutoDesk 平台，利用其 Inventor 软件进行三维建模。

在建模过程中，为提高设计效率，设计中大量使用 Inventor 软件内一个重要的衍生功能键，实体零件、可见二维和三维草图、定位特征、曲面、各类参数都可以加入到衍生零件中去。

衍生功能可用现有的 Inventor 零件（ipt 或 iam 格式文件）作为基础创建新的衍生零件。衍生几何图元的位置和方向与基础零件相同，且可实现衍生零件与基础零件的继承和关联。特别是可以以原零件为基础按比例放大缩小或以指定工作平面为基准进行镜像衍生。设计参数的关联，是所有客观的设计过程中必然会涉及的、基本功能的要求，但这种关联可能不是很具体的数据，而是某个图样。例如总体设计提出的一种方案，而表达方式是一个二维的草图。因此在零件造型过程中有好几个并列进行的具体零件部件设计，都与这个总体草图相关联，人们希望做到："多个几乎同时进行的设计，共同基于这个草图，并在这个草图发生修改后，所有利用这个草图衍生的零件都能够跟随改变。"

1.3.2 数值化分析

三维设计就是通过三维实体建模完成工程图设计。在工程设计中，应用三维设计软件完成工程图的设计仅仅使用了三维设计的一部分功能，要充分发挥三维设计的强大优势，在设计中需结合三维模型开展三维数值化分析。

计算机辅助工程（Computer Aided Engineering，CAE）是用计算机辅助求解复杂工程和产品的结构强度、刚度、屈曲稳定性、动力响应、热传导、三维多体接触、弹塑性等力学性能的分析计算，以及结构性能的优化设计等问题的一种近似数值分析方法。

CAE 系统的核心思想是结构的离散化，就是将实际结构离散为有限数目的规则单元组合体，实际结构的物理性能可以通过对离散体进行分析，得出满足工程精度的近似结果来替代对实际结构的分析。

计算机辅助工程的特点是以工程和科学问题为背景，建立计算模型并进行计算机仿真分析。一方面，CAE 技术的应用，使许多过去受条件限制无法分析的复杂问题，通过计算机数值模拟得到满意的解答；另一方面，计算机辅助分析使大量繁杂的工程分析问题简单化，使复杂的过程层次化，节省了大量的时间，避免了低水平重复的工作，使工程分析更快、更准确。CAE 在产品的设计、分析、新产品的开发等方面发挥了重要作用。

随着 CAE 技术的发展，应用 CAE 技术设计升船机已是一种现实可行的工程设计手段，通过 CAE 技术在升船机设计上的应用，实现升船机的数字化设计，将大大缩短设计周期、提高设计质量，必将是升船机设计手段的必然变革方向。

目前，国际上不少先进的大型通用计算分析软件的开发已达到较成熟的阶段并已商品化，如 ABAQUS、ANSYS、NASTRAN、FLUENT、FLOW - 3D、ADAMS 等。这些软件具有良好的前后处理界面、静态和动态过程分析以及线性和非线性分析等多种强大的功能，都通过了各种不同行业的大量实际算例的反复验证，其解决复杂问题的能力和效率，已得到学术界和工程界的公认。本书主要采用了 ANSYS、FLUENT、FLOW - 3D、ADAMS 软件进行数值化分析。

ANSYS 软件是美国 ANSYS 公司研制的大型通用有限元分析软件，是世界范围内增长最快的计算机辅助工程软件，能与多数计算机辅助设计软件接口，实现数据的共享和交换，是融结构、流体、电场、磁场、声场分析为一体的大型通用有限元分析软件。软件主要包括三个部分：前处理模块、分析计算模块和后处理模块。本书主要运用 ANSYS 软件进行结构分析。

FLUENT 软件是目前国际上比较流行的商用计算流体动力学软件包，凡是和流体、热传递和化学反应等有关的工业均可使用。它具有丰富的物理模型、先进的数值方法和强大的前后处理功能，用来模拟从不可压缩到高度可压缩范围内的复杂流动。由于采用了多种求解方法和多重网格加速收敛技术，因而 FLUENT 能达到最佳的收敛速度和求解精度。软件主要包括三个部分：前处理软件、求解器和后处理器。本书主要运用 FLUENT 软件进行流体分析。

FLOW-3D 软件是高效能的计算仿真工具，用户能够自行定义多种物理模型，并应用于各种不同的工程领域。完全整合的图像式介面让使用者可以快速地完成仿真专案设定到结果输出。本书主要运用 FLOW-3D 软件进行计算仿真分析。

ADAMS 软件即机械系统动力学自动分析软件，是美国机械动力公司开发的虚拟样机分析软件。用户可以运用该软件非常方便地对虚拟机械系统进行静力学、运动学和动力学分析。ADAMS 软件由基本模块、扩展模块、接口模块、专业领域模块及工具箱五类模块组成。本书主要运用 ADAMS 软件进行机械系统动力学分析。

HydroBIM 设计流程是将 AutoDesk Inventor 设计软件建立的三维设计模型直接导入 ANSYS、FLUENT、FLOW-3D、ADAMS 等分析软件进行数值化分析，然后反馈修改模型进行优化设计，最后根据优化后的模型输出三维模型工程图。

1.4 升船机 HydroBIM 设计

HydroBIM 设计已运用到升船机的整个设计过程中。正是 HydroBIM 设计的有效运用，攻克了升船机设计过程中一个又一个的难题，使其能够顺利实施到工程实践中，为升船机的安全可靠运行提供了强有力的技术保障。

升船机 HydroBIM 设计相关内容如下：
(1) 设计基本流程。
1) 根据原始输入资料确定草图尺寸，见图 1.6。
2) 依次衍生各级草图，保证草图数据的传递。
3) 根据草图构建各零（部）件。
4) 根据图纸内容进行各部件的装配及总体装配。
5) 将模型导入计算分析软件进行计算分析，见图 1.7 和图 1.8。
6) 根据计算分析结果参数化修改模型。
7) 重复上述两步，直至获得满意的模型和计算分析结果。
8) 采用带标准图框及略图符号的模板输出工程图，见图 1.9。

1.4 升船机 HydroBIM 设计

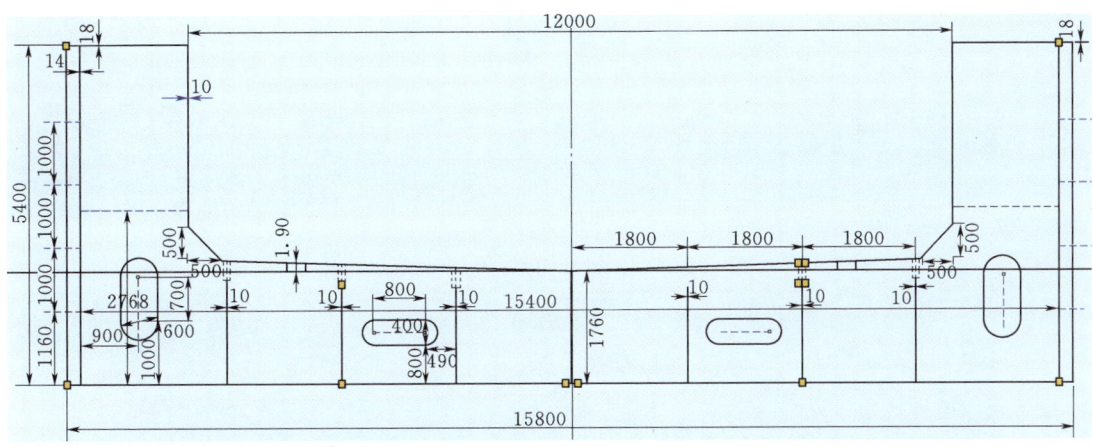

图 1.6　承船厢建模草图（单位：mm）

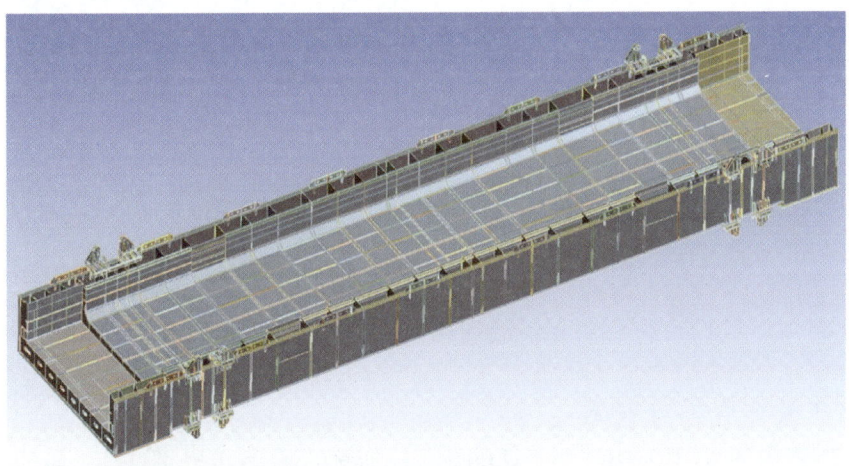

图 1.7　承船厢三维模型

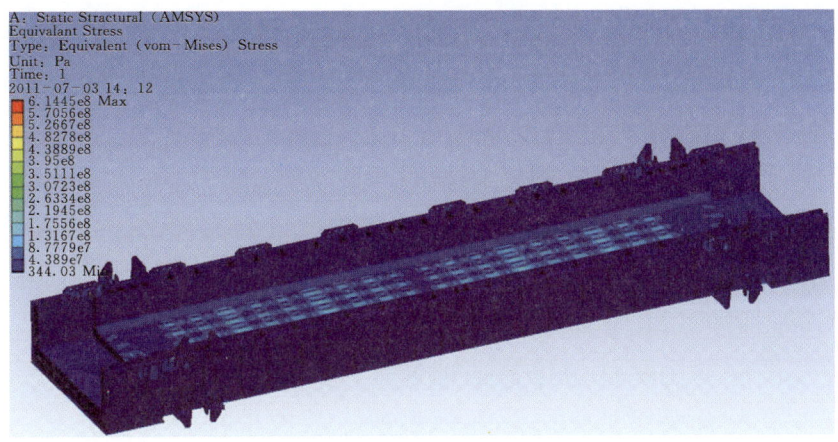

图 1.8　承船厢整体应力分布云图

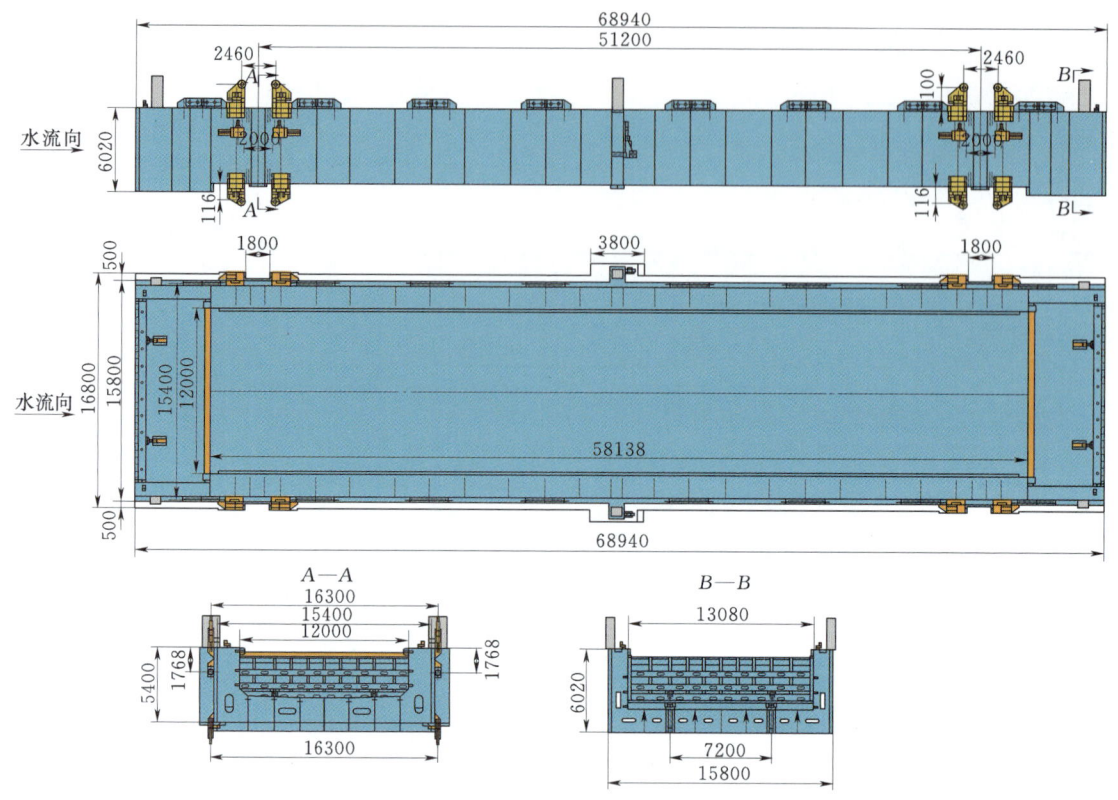

图 1.9 承船厢工程图（单位：mm）

（2）设计基本规定及要求。

1）草图按几何约束、尺寸约束的先后顺序对图形进行约束，并应全约束。

2）模型草图按分级形式建立，按框架草图、总图草图、部件草图、零件草图等分级。

3）框架草图包含计算书初步计算结果、总图布置、部件之间的关系等内容。在建立框架草图时应设置相应的基本建模参数，如外形尺寸、设备布置位置等，该参数等同于布置总图的参数。

4）总图草图包含主要部件的结构参数。

5）部件草图按照以后出工程蓝图部件图建立。部件草图中应包含部件设计详细参数。

6）零件草图可通过衍生部件草图，直接采用部件草图生成零件。

7）零件草图应利用零件定位特征确定零件坐标系。

8）各部件有配合关系的部分，在模型建立后应进行配合检查。

9）部件模型中焊缝为添加的无实体虚拟零部件。

10）三维模型适当简化后再导入计算分析软件。

11）在网格划分以前需要选择单元类型，薄壳结构一般应用壳单元离散，具有块体特征的结构应用实体单元划分。

12）计算分析可以对所关心的区域进行细划分，网格的大小应满足求解精度的要求，在求解精度和电脑硬件两个方面权衡，选择网格规模。

13）计算分析中应正确添加约束。

14）进行预应力模态分析时需要先进行静力学分析。

15）后处理包括查看计算分析结果以及检查模型是否正确（如 CFD 的守恒性检查）。

第 2 章

升船机的整体布置及系统组成

景洪水电站是澜沧江干流中下游河段水电开发梯级规划八级电站中的第六级，位于云南省西双版纳傣族自治州首府景洪市北郊约 5km 处，总装机容量为 1750MW。电站坝址位于澜沧江通航河段上，电站枢纽按 Ⅴ 级航道、300t 级船型的标准设计航运过坝建筑物，远期考虑 500t 船只通航过坝。经方案比选，景洪水电站航运过坝建筑物采用水力式升船机。

升船机主要特性参数见表 2.1。

表 2.1　　　　　　　　升船机主要特性参数

项　目	参　数　值
(1) 通航水位	
上游最高通航水位/m	602.00（水库正常蓄水位）
上游最低通航水位/m	591.00（水库死水位）
下游最高通航水位/m	544.90（2 年一遇洪水位）
下游最低通航水位/m	535.14（最小通航流量 495m^3/s 对应水位）
(2) 船型尺度	
300t 船型尺寸/(m×m×m)	46.2×7.6×1.75（长×宽×吃水深）
500t（远期）船型尺寸/(m×m×m)	45.0×10.8×1.6（长×宽×吃水深）
(3) 通航净高/m	8
(4) 过坝能力	
年通航天数/d	330
每天工作时间/h	21
日均运行次数（单向）/次	27
(5) 主要技术参数	
航船升降时间/(min/次)	≤17（单向、空中及入水）
船只进出承船厢允许航速/(m/s)	≤0.5
最大提升高度/m	66.86
承船厢停位精度/cm	±3

2.1 升船机的整体布置

升船机布置在大坝右侧 6～7 号坝段 1 号、2 号表孔之间，景洪水力式升船机总体布置图见图 2.1。

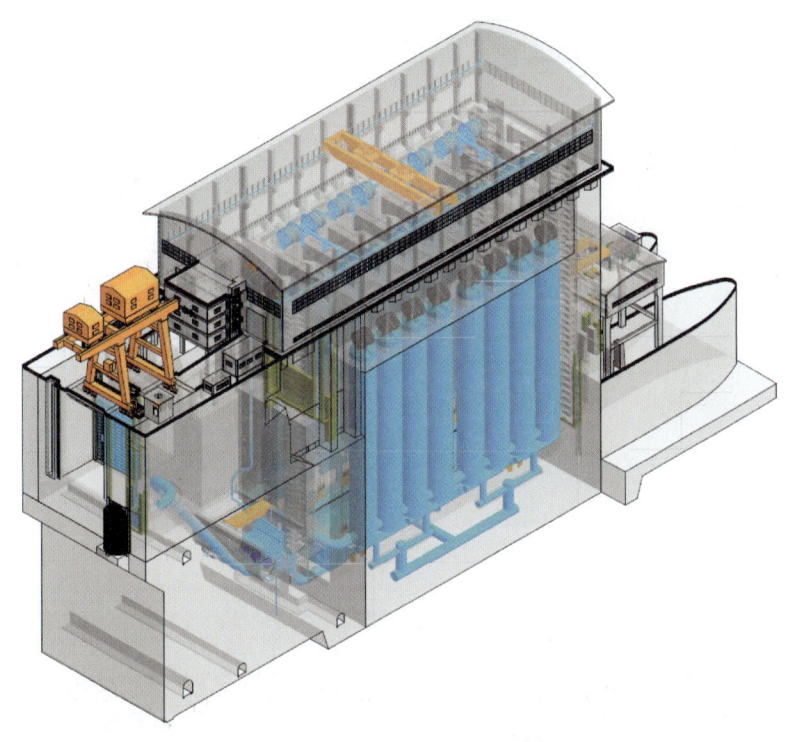

图 2.1 升船机总体布置

升船机由上游引航道、上闸首、承船厢室段（主机房、塔楼）、下闸首、下游引航道组成，升船机建筑物总体布置见图 2.2。

上游引航道由靠船墩、浮式导航堤等设施组成。下游引航道由靠船墩、导航墙等建筑物组成，图 2.3 为升船机的剖面视图。

上、下游引航道分别与上、下闸首连接，闸首是船舶进出承船厢的通道，闸首航道为 U 形结构的航槽，航槽顺水流方向依次设有上闸首事故闸门、上闸首工作大门、下闸首检修闸门和各自的启闭机械设备。图 2.4 为上游引航道、上闸首及塔楼，图 2.5 为下游引航道、下闸首及塔楼，图 2.6 为上闸首，图 2.7 为下

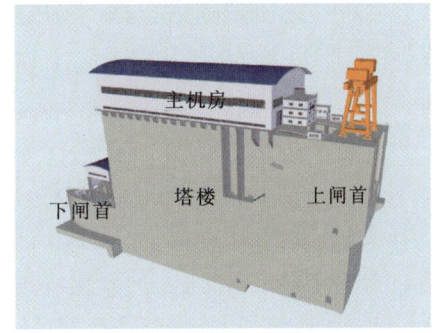

图 2.2 升船机建筑物总体布置

11

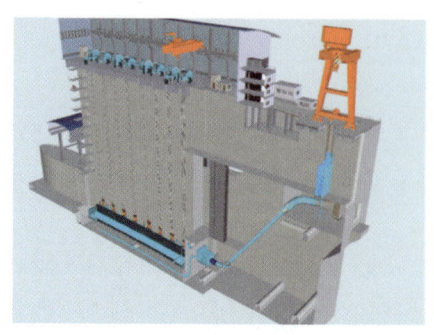
(a) 纵剖视图

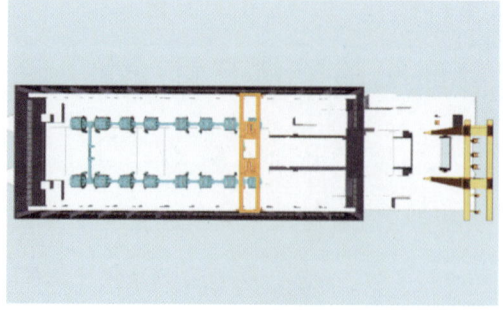
(b) 俯视图

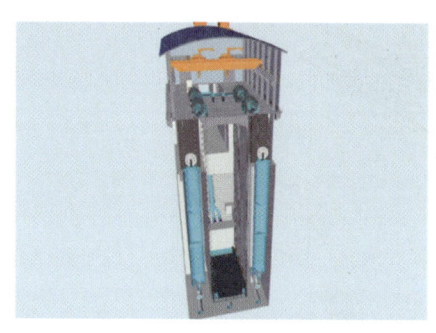
(c) 竖井及同步轴剖视图

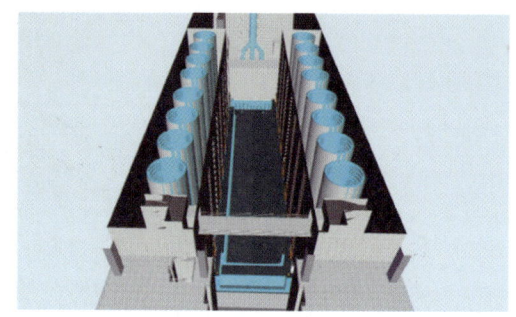
(d) 竖井俯视图

图 2.3 升船机剖面

图 2.4 上游引航道、上闸首及塔楼

闸首。

上、下闸首之间是升船机工作运行的核心部位——承船厢室段，承船厢室段的主体建筑是塔楼。塔楼由顶部主机房平台、两侧的竖井、输水管道等组成。升船机的主要设备布置在承船厢室段，包括水力系统、承船厢总成、卷筒及同步轴系统、平衡浮筒、钢丝绳组件、监控检测系统等，图 2.8 为塔楼，图 2.9 为主机房。

2.1 升船机的整体布置

图 2.5 下游引航道、下闸首及塔楼

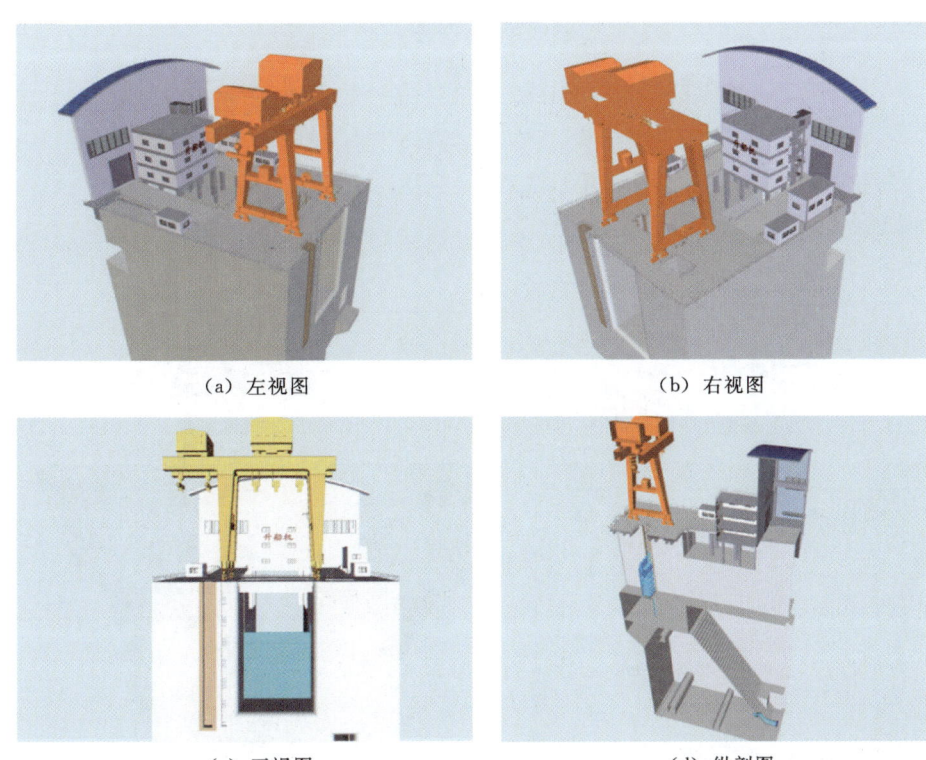

（a）左视图　　　　　　　　　　　（b）右视图

（c）正视图　　　　　　　　　　　（d）纵剖图

图 2.6 上闸首

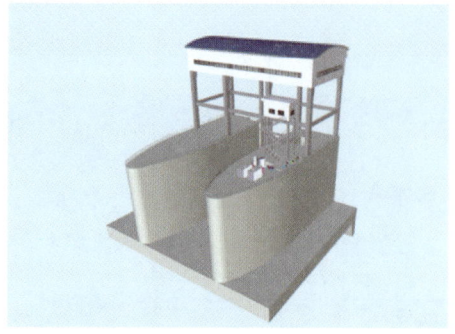 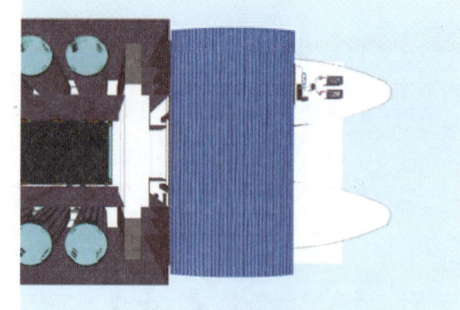

(a) 右视图　　　　　　　　　　　　(b) 俯视图

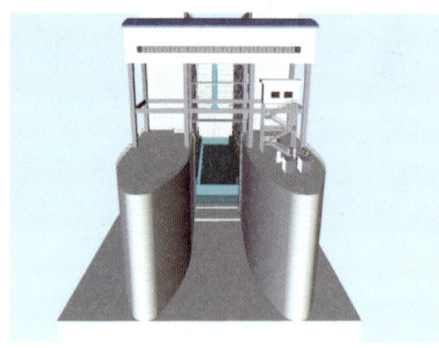 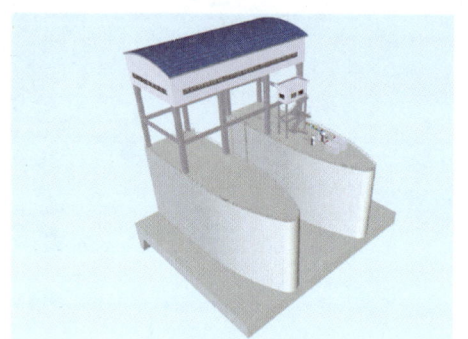

(c) 正视图　　　　　　　　　　　　(d) 左视图

图 2.7　下闸首

 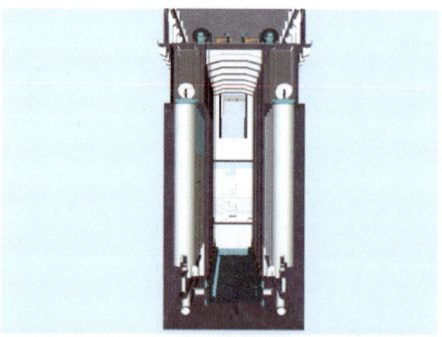

(a) 轴测图　　　　　　　　　　　　(b) 横剖图

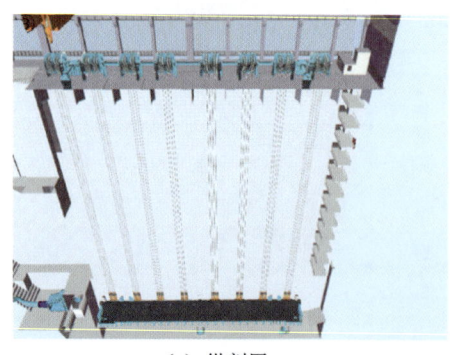 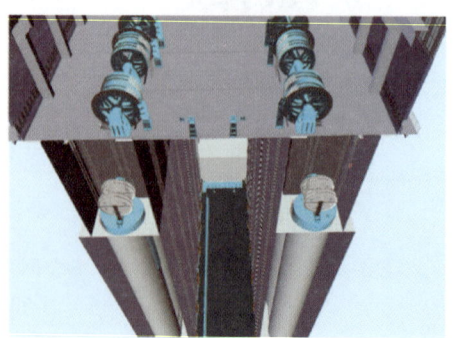

(c) 纵剖图　　　　　　　　　　　　(d) 局部放大图

图 2.8　塔楼

(a) 外观图

(b) 内部俯视图

(c) 设备图

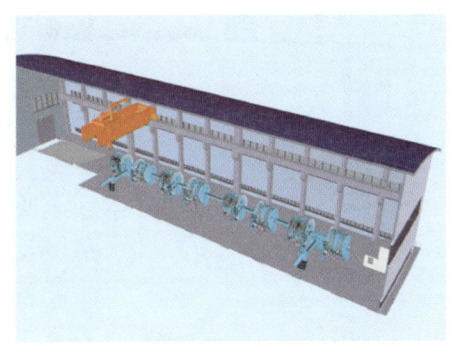

(d) 纵剖图

图 2.9 主机房

根据上、下游最高最低通航水位、船型尺度及通航净高等设计参数，确定主机房底板高程为 614.00m；承船厢池尺寸为 69.72m×16.8m（长×宽），底板高程为 528.50m。

2.2 升船机的系统组成

水力式升船机是集水动力、结构、机械、液压、电气等于一体的复杂系统。根据其功能，可以分为以下几个系统：

（1）水力系统。包括进水口、进口快速事故闸门及启闭机、充水管路、充水控制阀门及掺气系统、突扩体、等惯性输水系统、竖井、泄水管路、泄水控制阀门及掺气系统、出口快速事故闸门及启闭机、出水口，以及它们的附属设备。

（2）机械系统。包括承船厢、卷筒及同步系统、浮筒及动滑轮装置、钢丝绳组件等。

（3）闸首金属结构设备。包括上闸首事故闸门、上闸首工作大门、下闸首检修闸门及各自的启闭机械设备。

(4) 土建结构。包括塔楼土建结构，上、下闸首土建结构，充、泄水阀室土建结构，上、下游引航道，结构安全监测等。

(5) 监控及检测系统。包括计算机监控系统、运行事故及故障检测分析系统、工业电视系统等。

(6) 辅助系统。包括消防系统、排水系统等。

升船机系统组成见图 2.10。

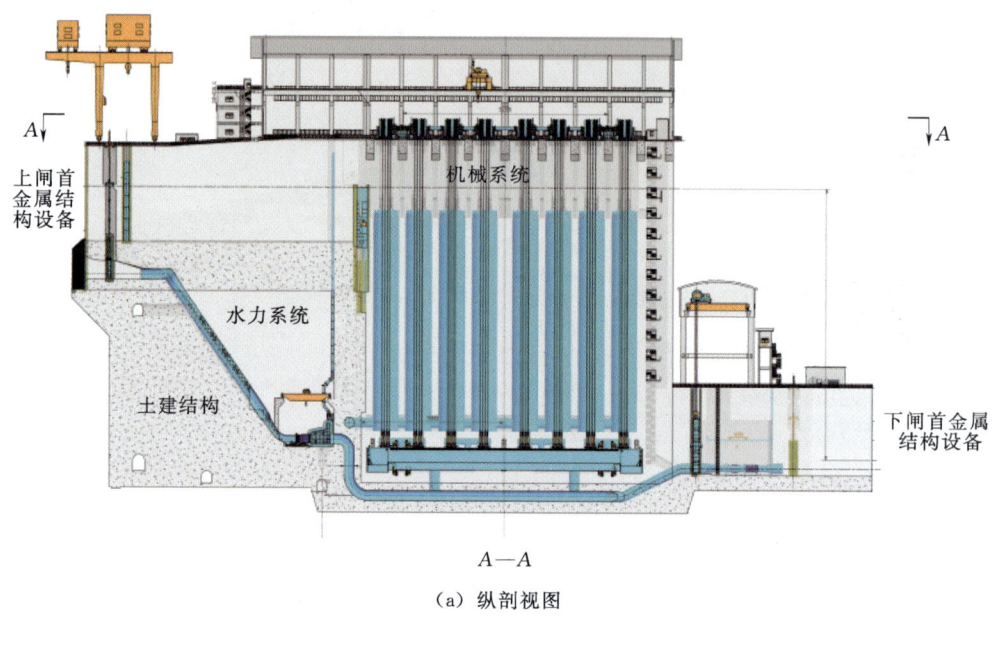

(a) 纵剖视图

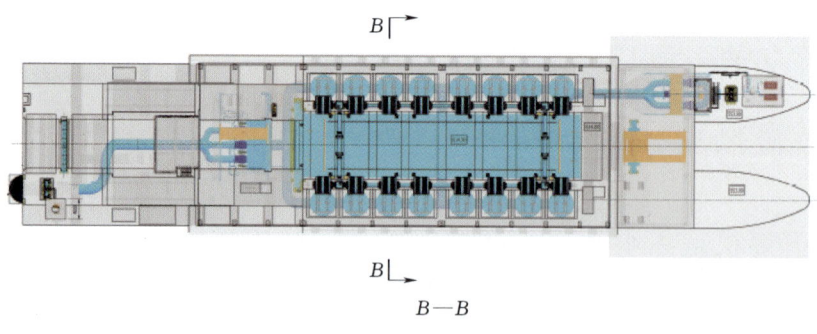

(b) 俯视图

图 2.10 升船机系统组成

第 3 章

升船机数值仿真技术运用

3.1 抗倾斜数值模拟

升船机是大型复杂的机械系统,目前对大型复杂机械系统进行动力学分析通常采用 ADAMS。ADAMS 是著名的虚拟样机分析软件,它使用交互式图形环境和零件库、约束库、力库,创建完全参数化的机械系统动力学模型。

开展升船机抗倾斜数值模拟,首先需要建立升船机的三维模型,然后基于三维模型对升船机系统开展多体动力学分析,同时利用有限元分析技术校核升船机主要机构的强度。分析过程涉及 Inventor、ADAMS、ANSYS 三者之间的数据传递,以及模型分析结果之间的相互验证,其技术路线见图 3.1。

3.1.1 水力式升船机抗倾斜原理

3.1.1.1 抗倾斜原理

升船机的抗倾斜能力,又称其自平衡能力。升船机承船厢是细长、条状结构,运行中承船厢需要装载水体,由于水体具有流动特性,一旦承船厢发生倾斜将直接导致承船厢水体荷载发生转移,因此各种类型升船机的承船厢带水后都是不稳定的荷载状态,如卷扬式升船机、齿轮齿条式升船机都存在抗倾斜的问题,这也是升船机科研、设计的工作重点。下面介绍水力式升船机的抗倾斜原理。

1. 考虑承船厢和卷筒、平衡重作用

承船厢与平衡重处于平衡时,$F_1=F_2=G$,见图 3.2(a);当承船厢内的水体发生波动,水体荷载发生转移,承船厢发生倾斜直至倾覆,$F_1>G>F_2$,见图 3.2(b)。系统动作过程为:水体荷载发生转移→承船厢倾斜→水体荷载转移量增大→承船厢倾斜加剧→承船厢倾覆。F_1、F_2 分别为钢丝绳对承船厢的拉力,G 为平衡重的重力(下同)。

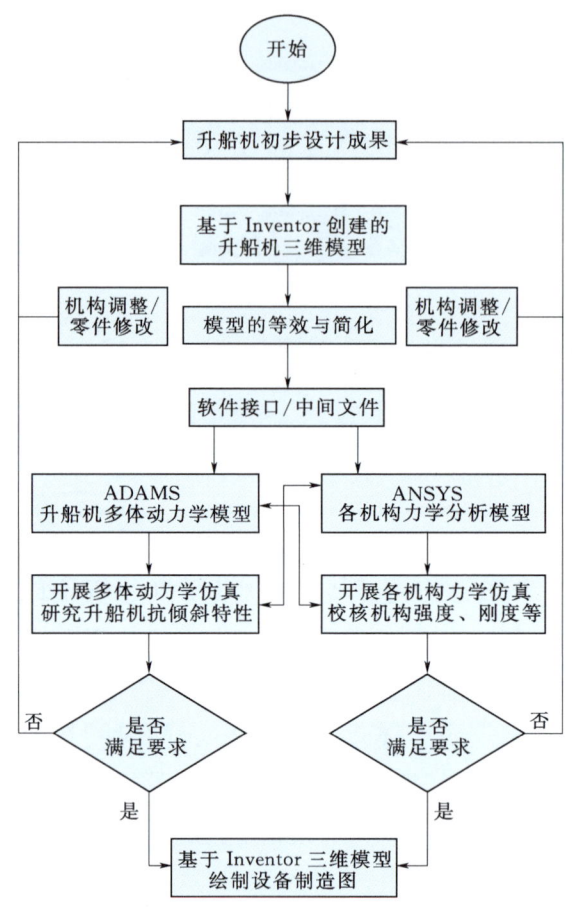

图 3.1　升船机抗倾斜数值模拟的一般方法（技术路线）

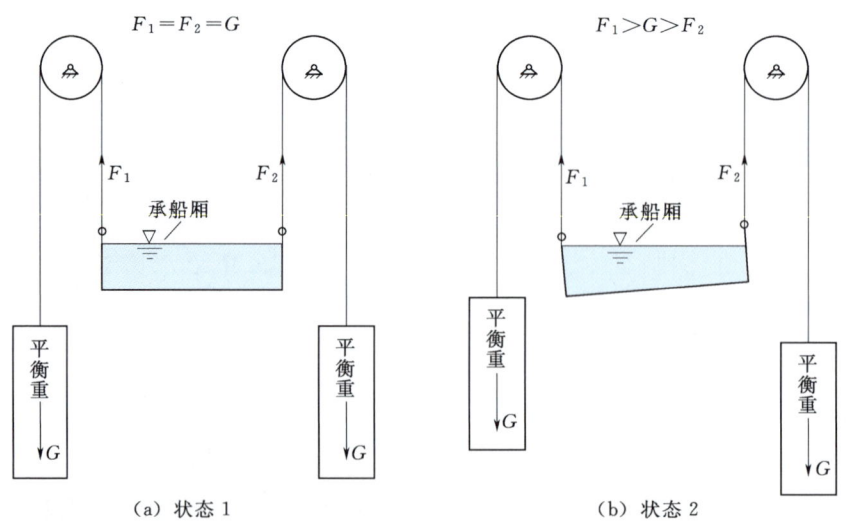

（a）状态 1　　　　　　　　　　　　　　（b）状态 2

图 3.2　升船机抗倾斜原理图（卷筒＋平衡重）

在承船厢有水的工况下,一旦承船厢出现倾斜,承船厢各吊点的受力就不平衡,承船厢受力不平衡进一步导致钢丝绳、同步轴系统产生变形,钢丝绳、同步轴系统变形后又反过来导致承船厢倾斜,如此产生一个承船厢倾斜→承船厢受力不平衡→钢丝绳/同步轴系统变形→承船厢倾斜正反馈系统,原理示意见图3.3。

分析可知,在承船厢有水的工况下,会出现导致承船厢倾斜的正反馈系统,所以解决承船厢有水倾斜的思路就是打破这个正反馈系统,见图3.4和图3.5。

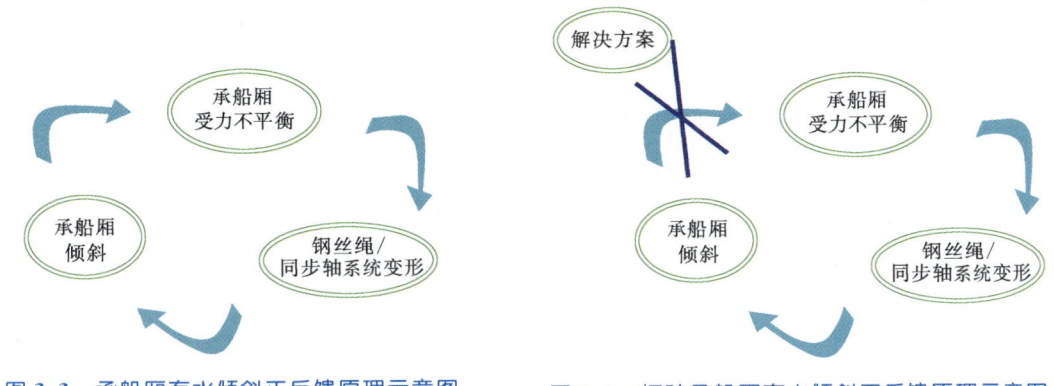

图3.3 承船厢有水倾斜正反馈原理示意图　　图3.4 打破承船厢有水倾斜正反馈原理示意图

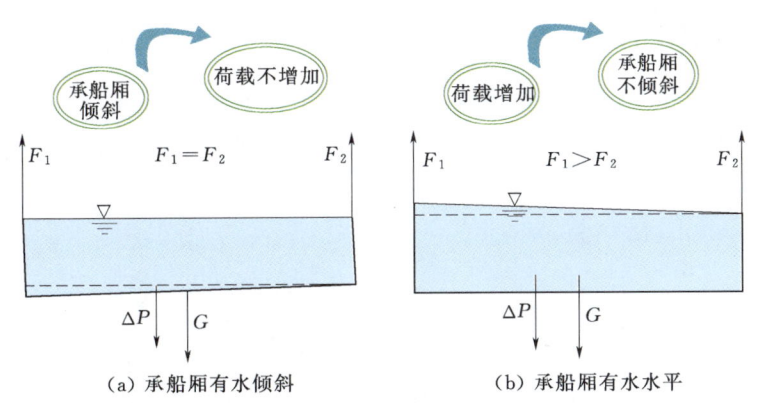

(a) 承船厢有水倾斜　　(b) 承船厢有水水平

图3.5 打破承船厢有水倾斜正反馈原理效果示意图

对承船厢的吊点来说,承船厢有水时发生倾斜而荷载不增加的方案在工程技术上是做不到的;在工程技术上只能做到荷载增加而承船厢不倾斜,其他型式的升船机如钢丝绳卷扬式升船机、齿轮齿条式升船机也是采用这个原理维持承船厢的水平状态。

2. 考虑承船厢和卷筒、平衡重浮筒作用

承船厢与平衡重处于平衡时,$F_1 + F_{f_1} = F_2 + F_{f_2} = G$,见图3.6(a);当承船厢内的水体发生波动,水体荷载发生转移,见图3.6(b)。系统动作过程为:水体荷载左移→承船厢向左倾斜→左边浮筒上移,右边浮筒下移→F_{f_1}减小,F_{f_2}

增大，$F_{f_1} < F_{f_2} \rightarrow F_1$ 增大，F_2 减小，$F_1 > F_2 \rightarrow$ 承船厢向右恢复水平状态。

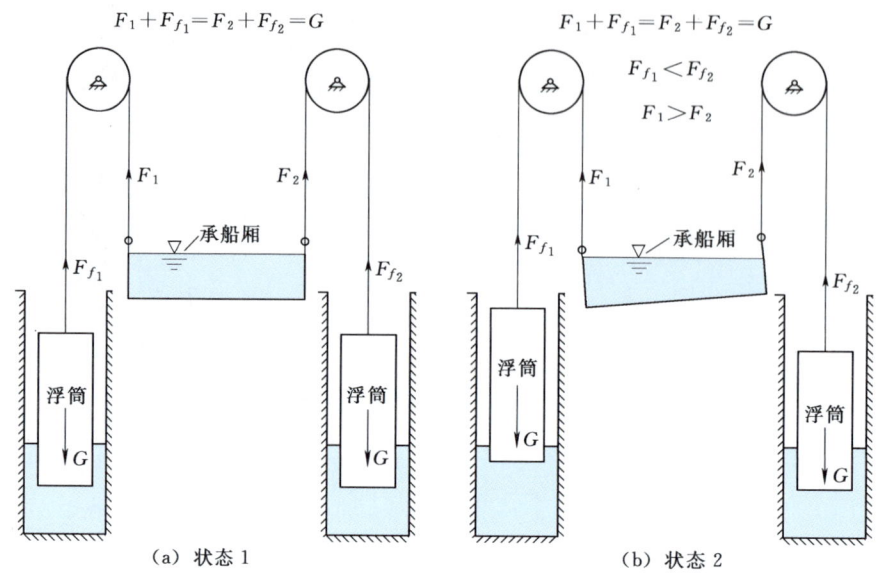

图 3.6　升船机抗倾斜原理图（卷筒＋平衡重浮筒）

3. 考虑承船厢、卷筒、平衡重及同步轴作用

承船厢与平衡重处于平衡时，$F_1 = G = F_2$，见图 3.7（a）；当承船厢内的水体发生波动，水体荷载发生转移，见图 3.7（b）。系统动作过程为：水体荷载左移→承船厢向左倾斜→F_1 增大、F_2 减小→M_{kq} 增大→承船厢保持水平。

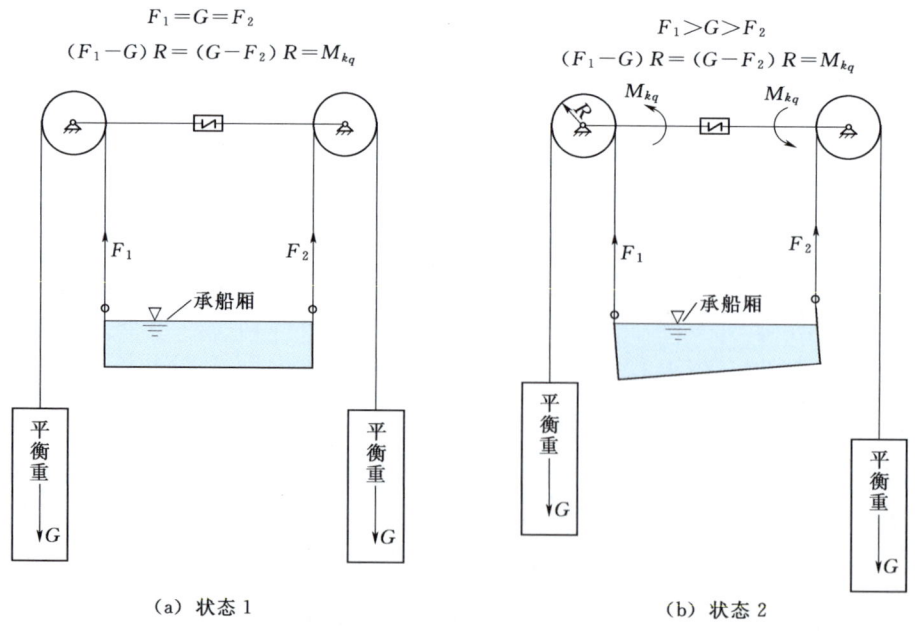

图 3.7　升船机抗倾斜原理图（卷筒＋平衡重＋同步轴）

(1) 同步轴联轴器的传动间隙。在承船厢内的水体荷载发生转移，联轴器两端的轴段发生相对扭动而消除传动间隙后，同步轴开始抵抗由水体荷载转移而产生的承船厢倾覆力矩，从而保证承船厢不倾覆。显然，传动间隙越大，承船厢的倾斜量越大，则承船厢的倾覆力矩越大，所需同步轴的抗倾覆力矩 M_{k_q} 越大，故联轴器的间隙应足够小。

(2) 同步轴的抗扭刚度。在承船厢内的水体荷载发生转移时，同步轴抵抗由水体荷载转移而产生的承船厢倾覆力矩。若同步轴的抗扭刚度不够，则会形成正反馈：水体荷载发生转移→承船厢倾斜→同步轴抗倾覆力矩 M_{k_q} 作用→同步轴产生扭转变形→承船厢倾斜加大→同步轴抗倾覆力矩 M_{k_q} 增大→同步轴扭转变形增大→同步轴失效，故同步轴的刚度应足够大。

4. 考虑承船厢、卷筒、平衡重及导向装置作用

承船厢与平衡重处于平衡时，$F_1=G=F_2$，见图 3.8（a）；当承船厢内的水体发生波动，水体荷载发生转移，见图 3.8（b）。系统动作过程为：水体荷载左移→承船厢向左倾斜→F_1 增大，F_2 减小，M_{k_q} 增大→F_{k_q} 增大→$M_{k_q}=4F_{k_q}\times 0.5L$→承船厢保持水平。

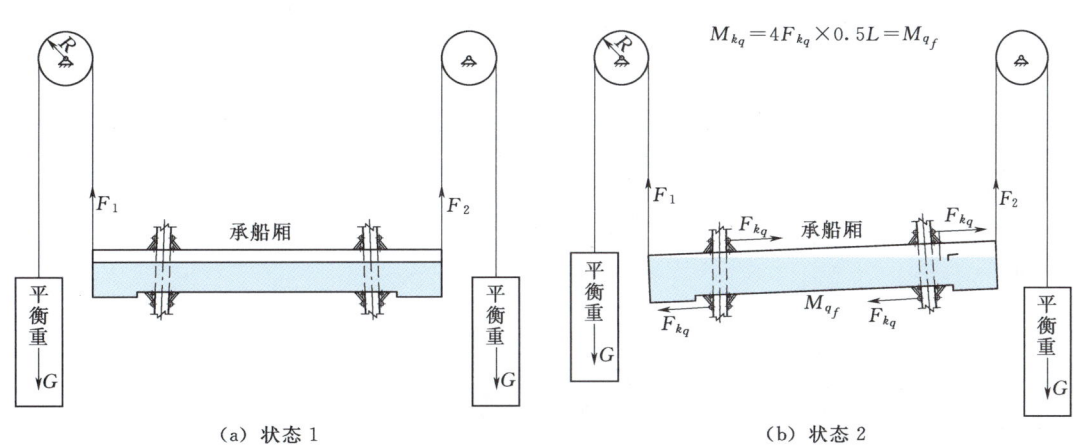

图 3.8 升船机抗倾斜原理图（卷筒＋平衡重＋导向装置）

(1) 导向装置的导轨制造安装误差。在承船厢内的水体荷载发生转移，导向装置导轮与轨道贴合消除间隙后，导向装置开始抵抗由水体荷载转移而产生的承船厢倾覆力矩，从而保证承船厢不倾斜。导轨的制造安装误差使导向装置导轮沿着轨道表面呈曲线运动，进而引起承船厢倾斜量的波动。显然，导向装置轨道的制造安装误差越大，承船厢的倾斜量越大，则承船厢的倾覆力矩越大，导向装置的抗倾覆力矩 M_{k_q} 越大，故导轨的制造安装误差应足够小。

(2) 导向装置的刚度。当承船厢内的水体荷载发生转移，导向装置抵抗由水体荷载转移而产生的承船厢倾覆力矩。若导向装置的刚度不够，则会形成正

反馈：水体荷载发生转移→承船厢倾斜→导向装置抗倾覆力矩 M_{k_q} 作用→导向装置产生变形→承船厢倾斜加大→导向装置抗倾覆力矩 M_{k_q} 增大→导向装置变形增大→导向装置失效，故导向装置的刚度应足够大。

浮筒装置是水力式升船机的平衡重装置和抗倾斜装置，同时景洪水力式升船机还设置了同步轴装置和导向装置以提高承船厢的抗倾斜性能，见图 3.9。

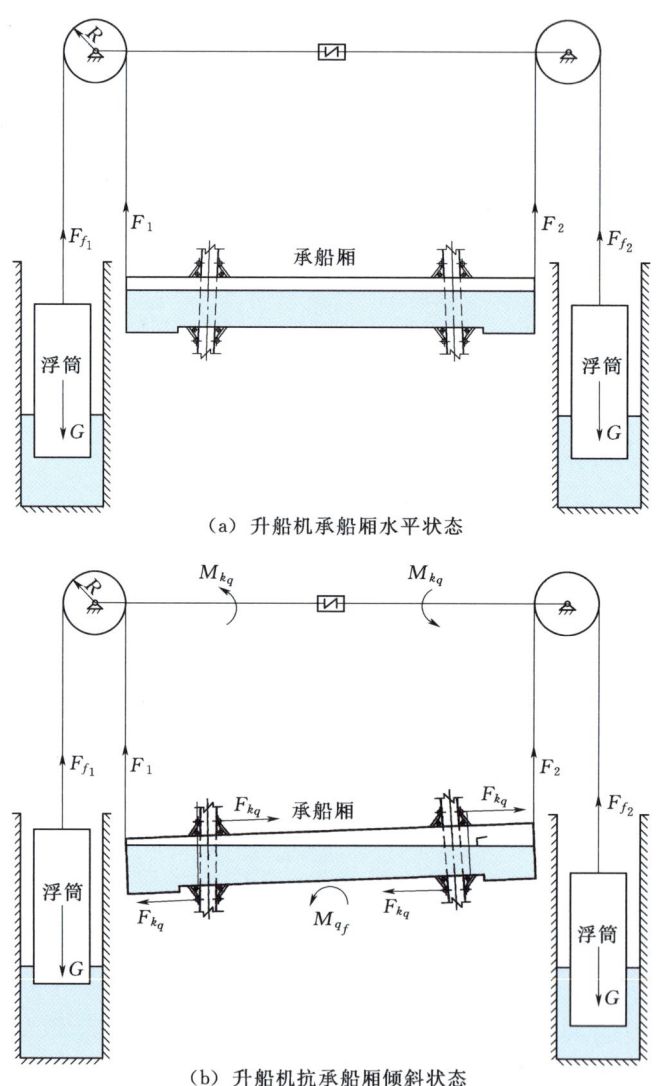

图 3.9　升船机抗倾斜系统原理图
（卷筒＋平衡重＋平衡重浮筒＋同步轴＋导向装置）

3.1.1.2　倾斜的因素

影响升船机承船厢水平、导致承船厢倾斜的因素主要如下。

（1）承船厢结构荷载的分布。承船厢结构本身及承船厢上的设备布置不均匀，都可能导致承船厢作用在钢丝绳上的荷载不均匀，钢丝绳承受不均匀的荷载后其伸长会不一致，进而导致承船厢出现倾斜，这是由设备特性决定的。

（2）承船厢荷载转移。升船机在运行过程中，由于承船厢的晃动，加上水体的流动特性，必然导致承船厢水面产生波动，进而导致承船厢水体荷载产生转移。也会导致承船厢作用在钢丝绳上的荷载不均匀，钢丝绳承受不均匀的荷载后其伸长会不一致，进而导致承船厢出现倾斜，这是由水体特性、升船机运行特性决定的。

（3）钢丝绳弹模差异。钢丝绳的弹模误差会使得钢丝绳即使在其受力相同的情况下，其伸长量也不一致，进而导致承船厢出现倾斜，这是由钢丝绳的材料特性决定的。

（4）钢丝绳直径差异。钢丝绳间直径的差异，会导致钢丝绳在卷筒上缠绕的过程中，绕进、绕出的钢丝绳长度不一致，进而导致承船厢出现倾斜，这是由钢丝绳的制造公差决定的。

（5）卷筒绳槽直径差异。卷筒绳槽间直径存在差异对承船厢倾斜的影响作用，与钢丝绳直径存在差异对承船厢倾斜的影响基本一致。卷筒绳槽间直径存在差异会导致钢丝绳在卷筒上缠绕的过程中，绕进、绕出的钢丝绳长度不一致，进而导致承船厢出现倾斜，这是由卷筒绳槽的制造公差决定的。

（6）浮筒侧配重及结构重量差异。浮筒侧配重及结构重量存在差异对承船厢倾斜的影响，与承船厢结构本身及承船厢上的设备布置不均匀对承船厢倾斜的影响基本一致。浮筒侧配重及结构重量存在差异都可能导致承船厢作用在钢丝绳上的荷载不均匀，钢丝绳承受不均匀的荷载后伸长量会不一致，进而导致承船厢出现倾斜，这是由设备特性决定的。

（7）竖井间水位存在差异。升船机竖井间水位受充泄水等惯性系统直径、竖井直径误差的影响，竖井间水位差异将导致浮筒所受浮力不均匀，影响浮筒作用在钢丝绳上的荷载，钢丝绳承受不均匀荷载而导致承船厢出现倾斜，这是由充泄水等惯性系统、竖井特性决定的。

这些影响升船机承船厢水平、导致承船厢倾斜的因素中，竖井水位差异、浮筒重量差异、浮筒高差是水力式升船机所特有的，其他影响承船厢水平的因素是所有钢丝绳升船机所共有的。对这些影响因素只能采取提高设备制造精度的措施减少对承船厢水平的影响，不可能根本消除其对承船厢水平的影响，只能采取其他工程技术措施间接解决。

3.1.1.3 升船机承船厢平衡性

升船机承船厢平衡性分为整体自平衡能力和局部自平衡能力。

1. 承船厢整体自平衡能力分析

升船机的整体自平衡能力是指当承船厢水体全部漏光后,升船机整体的平衡仍然不会被破坏,对水力式升船机即要求在承船厢水体全部漏光后浮筒仍具有自浮能力;在承船厢装载额定水体时,浮筒有足够的最小淹没深度,承船厢全部失水后浮筒仍然能够浮起来;满足以上两个条件的升船机才具备整体自平衡能力(图3.10)。

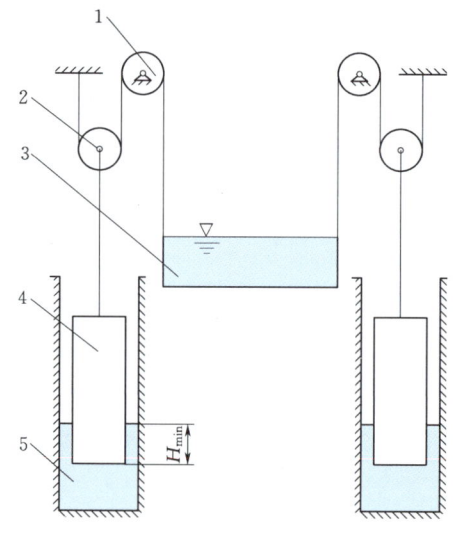
(a) 承船厢额定载水浮筒淹没示意图

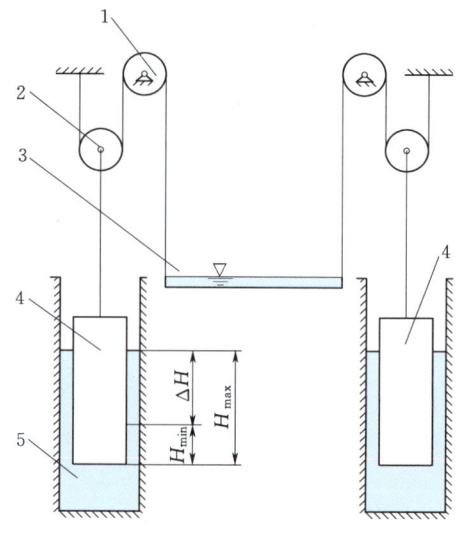
(b) 承船厢全部失水浮筒淹没示意图

图 3.10 水力式升船机整体自平衡能力分析简图
1—卷筒;2—动滑轮;3—承船厢;4—浮筒;5—竖井

景洪升船机在承船厢载满水体后,浮筒的最小淹没深度为 0.99m(锥底以上),在承船厢全部失水后,浮筒的最大淹没深度为 11.13m(锥底以上),浮筒的整体高度为 17.1m(锥底以上),故景洪升船机承船厢具备整体自平衡能力。

2. 承船厢局部自平衡能力分析

承船厢倾斜的局部自平衡能力是指承船厢装载额定水体,在承船厢出现倾斜的情况下,升船机系统维持其自身平衡,可分为纵向自平衡能力和横向自平衡能力。

(1) 纵向自平衡能力分析。不考虑同步轴系统的作用,考察无外加荷载的情况下系统对承船厢出现纵向倾斜后的自平衡能力(图3.11)。

分析时，不考虑同步轴系统的作用，复核无外加荷载的情况下系统对承船厢出现纵向倾斜后的自平衡能力。以承船厢横向中心线为基准，一端下降"Δ"、一端上升"Δ"，两端高差即为"2Δ"。

假设倾覆力矩为 $N_{q_{f1}}$ 和抗倾覆力矩为 $N_{k_{q1}}$，$K_1 = N_{k_{q1}}/N_{q_{f1}}$：

1) $K_1 > 1$，则承船厢能完全自平衡。
2) $K_1 < 1$，则承船厢不能完全自平衡。
3) $K_1 = 1$，则是一种不稳定的平衡状态。

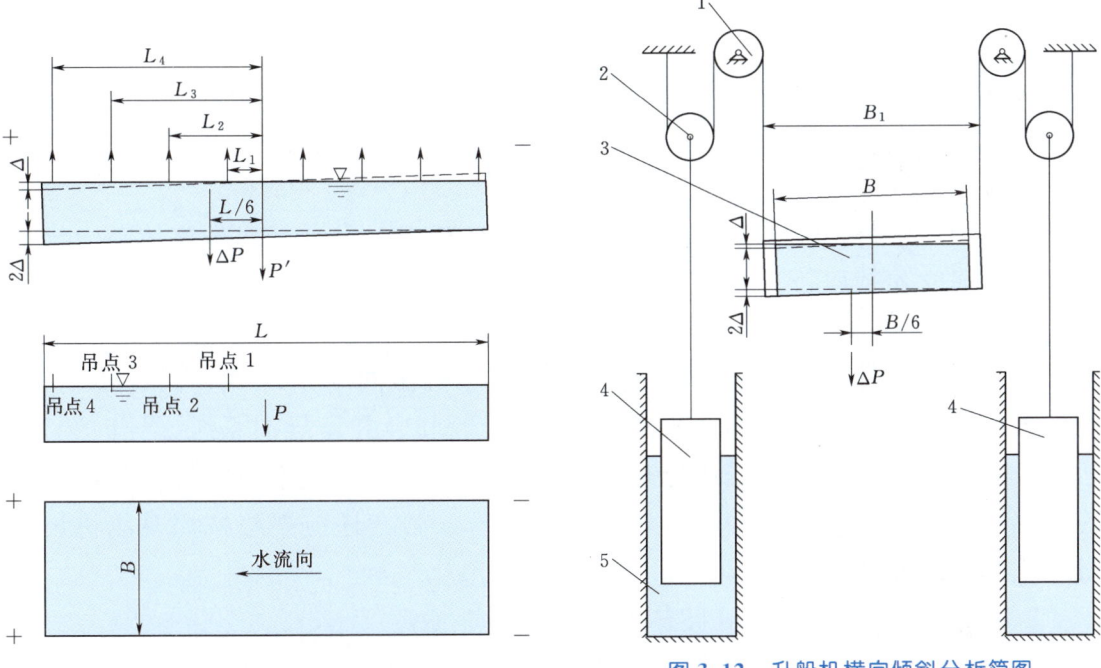

图 3.11 升船机纵向倾斜分析简图

图 3.12 升船机横向倾斜分析简图
1—卷筒；2—动滑轮；3—承船厢；4—浮筒；5—竖井

（2）横向自平衡能力分析。不考虑同步轴系统的作用，复核无外加荷载的情况下系统对承船厢出现横向倾斜后的自平衡能力（图3.12）。

分析时，不考虑同步轴系统的作用，复核无外加荷载的情况下系统对承船厢出现横向倾斜后的自平衡能力。以承船厢纵向中心线为基准，一端下降"Δ"、一端上升"Δ"，两端高差即为"2Δ"。

假设倾覆力矩为 $N_{q_{f2}}$ 和抗倾覆力矩为 $N_{k_{q2}}$，$K_2 = N_{k_{q2}}/N_{q_{f2}}$：

1) $K_2 > 1$，则承船厢能完全自平衡。
2) $K_2 < 1$，则承船厢不能完全自平衡。
3) $K_2 = 1$，则是一种不稳定的平衡状态。

水力式升船机承船厢具备整体自平衡能力的同时，还应具备纵向和横向的局部自平衡能力。

ADAMS 软件采用多刚体系统动力学理论中的拉格朗日方程方法建立系统的动力学方程。ADAMS 的计算程序应用了吉尔（Gear）的刚性积分算法以及稀疏矩阵技术，大大提高了计算效率。它将刚体系统分为四个部分：物体、约束、力、自定义的代数—微分方程。

在升船机数值仿真研究方面，有关单位曾采用 ADAMS 软件分析过升船机的运动特性，但研究对象仅限于升船机的独立子系统，如研究过三峡升船机的小齿轮托架机构、安全机构的运动特性和承船厢结构的运动特性。本书采用 ADAMS 软件建立景洪升船机整体动力学仿真数学模型，对各种情况下升船机的运行进行模拟，研究升船机运行过程中的抗倾斜特性及各主要构件的运动和受力特性等。

3.1.2　水力式升船机动力学仿真模型的建立

建立动力学模型是开展本项研究的关键和基础，景洪升船机整体动力学仿真模型的建立包括以下几点。

1. 建立景洪水力式升船机各构件力学模型

景洪水力式升船机主要构件包括承船厢、机械同步系统（卷筒、传动轴、连接轴、联轴器、锥齿轮箱等）、钢丝绳、浮筒和竖井、导向系统（导向装置、导轨）等。根据各构件的受力原理和传力机理，建立景洪水力式升船机各构件的力学模型。为了给仿真模型提供准确的计算参数，还应严格按照升船机设计图纸建立承船厢的三维几何模型。

2. 建立景洪水力式升船机整体动力学仿真模型

在建立景洪水力式升船机各构件力学模型的基础上，根据各构件的约束条件、运动和动力传递关系，建立景洪水力式升船机整体动力学仿真模型。

3. 验证景洪水力式升船机整体动力学仿真模型

为保证景洪水力式升船机整体动力学仿真模型的正确性，需要对模型进行验证。

（1）承船厢力学模型。承船厢本身的刚度非常大，在运动过程中产生的变形相对于整体的位移非常小，在承船厢力学模型中，可不考虑其变形，将其按刚性体处理。为了给承船厢力学模型提供准确的力学参数，例如承船厢的质量、转动惯量、质心位置等，承船厢的三维几何模型严格按照设计图纸建立或者完全等效。图 3.13 为升船机承船厢系统实景，图 3.14 为升船机三维模型。

景洪水力式升船机承船厢在倾斜过程中厢中水体晃动不明显，并且承船厢从水平到倾斜是一个平稳缓慢的过程，因此可以近似认为承船厢中水体表面始终保持水平，可将水体作用在承船厢上的水压力载荷简化成一个倾覆力矩。水

图 3.13 升船机承船厢系统实景

体对承船厢的倾覆力矩为：

$$M_{纵倾} = -\frac{1}{12}\rho g B L^3 \frac{\pi}{180}\alpha \quad (3.1)$$

$$M_{横倾} = -\frac{1}{12}\rho g L B^3 \frac{\pi}{180}\beta \quad (3.2)$$

式中：L 为承船厢长度；B 为承船厢宽度；α 为承船厢纵向倾斜角度；β 为承船厢横向倾斜角度。

根据式（3.1）和式（3.2），景洪水力式升船机承船厢中水体作用在承船厢上的纵向倾覆力矩 $M_{纵倾}=52640\alpha$ kN·m、横向倾覆力矩 $M_{横倾}=1663\beta$ kN·m，即承船厢中水体产生的纵向倾覆刚度 $K_{纵倾}=52640$ kN·m/(°)、横向倾覆刚度 $K_{横倾}=1663$ kN·m/(°)。

（2）同步系统力学模型。同步系统的扭转变形及间隙是影响承船厢倾斜的因素。在同步系统力学模型中采用变刚

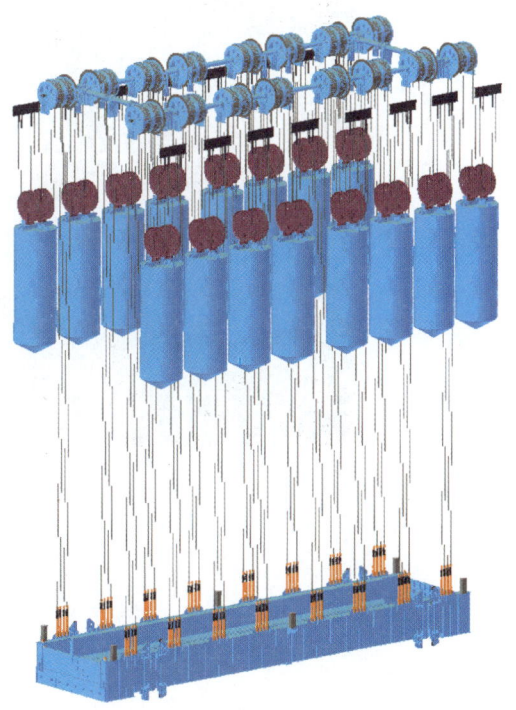

图 3.14 升船机三维模型

度扭转弹簧来模拟同步系统各部件（传动轴、连接轴、卷筒、膜片联轴器、锥齿轮箱）的扭转变形及连接部件（膜片联轴器、锥齿轮箱）的间隙，在同步系统力学模型中设置了20个变刚度扭转弹簧。图3.15为同步系统三维模型，图

3.16 为升船机同步系统实景。

图 3.15　同步系统三维模型

图 3.16　升船机同步系统实景

（3）钢丝绳力学模型。升船机承船厢由 64 根钢丝绳悬吊，钢丝绳绕过主机房上的卷筒后，再向下绕过浮筒的动滑轮，与机房顶部的固定点连接。图 3.17 为钢丝绳卷筒系统实景，图 3.18 为主提升系统布置示意图。

根据钢丝绳与承船厢及卷筒之间的运动关系以及受力关系建立了钢丝绳模型。钢丝绳力学模型保证了承船厢、浮筒和卷筒之间的运动关系和受力关系。同时钢丝绳力学模型还考虑了以下几点：

1）重点关注承船厢在运行过程中出现倾斜的问题，因此钢丝绳力学模型能够反映承船厢六个方向运动的自由度。

2）在升船机运行过程中，钢丝绳重量也是不断转移变化的，在钢丝绳力

图 3.17 钢丝绳卷筒系统实景

学模型中,通过定义一集中力来模拟钢丝绳重量的变化。钢丝绳重量可表示为:

$$G = \rho L \quad (3.3)$$

式中:ρ 为钢丝绳的线密度;L 为钢丝绳的长度。

3) 钢丝绳较为细长,在运动过程中会发生收缩/伸长变形,该变形也会对承船厢的倾斜运动造成一定的影响,在模型中考虑了钢丝绳的变形,且随着钢丝绳的运动,钢丝绳的刚度也会随之发生变化。因此钢丝绳力学模型也模拟了钢丝绳的刚度变形对承船厢的倾斜运动的影响。钢丝绳力学模型中,在钢丝绳与承船厢之间定义一双向力来模拟钢丝绳的弹性力,该双向力可表示为:

$$F = \frac{EA}{L} dL + F_0 \quad (3.4)$$

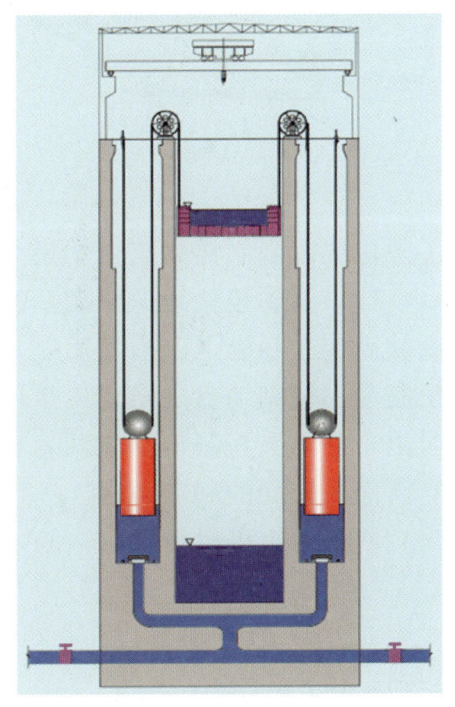

图 3.18 主提升系统布置示意图

式中:E 为钢丝绳的弹性模量;A 为钢丝绳的截面面积;L 为钢丝绳的长度;dL 为钢丝绳的伸长量;F_0 为钢丝绳的初始弹性力。

4) 在钢丝绳力学模型中,考虑了钢丝绳松弛的情况对受力的影响。

(4) 竖井-浮筒系统力学模型。在竖井-浮筒系统力学模型中,主要是确定各个浮筒所受浮力。水力式升船机采用等惯性输水系统,并且在各个竖井底部中隔之间设置了连通廊道用以平衡各竖井水位，在竖井-浮筒系统力学模型中假定各竖井之间水位一致，无水位差，作用在浮筒上的浮力定义为竖井水位和浮筒位置的函数。同时，在竖井-浮筒系统力学模型中也可以输入各竖井水位实测数据，或假定各竖井水位变化，研究竖井水位不同步对升船机运行的影响。在竖井-浮筒力学模型中动滑轮和浮筒按刚性体处理，图 3.19 为竖井系统布置图。

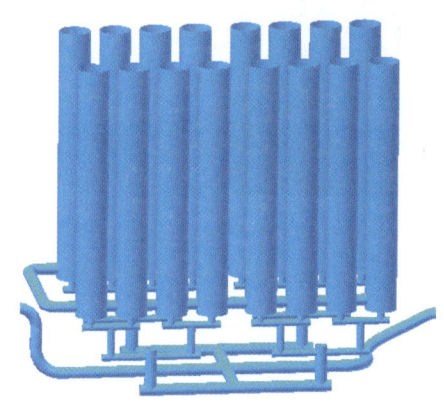

图 3.19　竖井系统布置图

（5）导向系统力学模型。根据导向系统的工作原理以及设计要求，影响导向装置作用参数主要有限位弹簧的刚度和预载荷、导向装置的弹性变形、导向装置支座结构与限位块之间的间隙、导向装置导轮与导轨之间的间隙。在导向系统力学模型中，需考虑这五个参数的影响，采用带间隙弹簧来模拟导向装置的弹性变形以及导向装置导轮与导轨之间的间隙对于系统的影响。

导向装置一方面和承船厢铰接，另外还通过蝶形弹簧连接在承船厢上。在导向装置设置了限位块以限制导向装置的最大变形。图 3.20 为导向装置三维模型。

（6）制动装置力学模型。制动装置制动头被固定在卷筒支架上，而制动盘则被固定在卷筒上。当发出制动器上闸指令时，在制动头上施加制动力荷载，使制动头与制动盘之间发生挤压，从而产生制动头与制动盘之间的正压力；同时由于制动头与制动盘之间存在摩擦便产生了使卷筒停止转动的制动力矩。

制动力矩可以用式（3.5）表达：

$$M = F(v)r \qquad (3.5)$$

式中：$F(v)$ 为制动力；v 为卷筒转动速度；r 为制动半径。

在制动器力学模型中，制动力 F 随卷筒转动速度的变化而变化，因此制动力矩 M 也相应随之变化。

1）当卷筒转动速度大于 v_d 时，制动力始终为 F_d，制动力矩为 $F_d r$，若制动力大于驱动承船厢的扭矩，则卷筒转动速度逐渐减小至 v_d。

2）当卷筒转动速度小于 v_d 大于 v_s 时，制动

图 3.20　导向装置三维模型

力随着卷筒转动速度的减小而变大，制动力的不断变大使卷筒转动速度变得更慢，当卷筒转动速度降至 v_s 时，制动力为 F_s，制动力矩为 $F_s r$。

3）当卷筒转动速度小于 v_s 时，制动力会随着卷筒转动速度的减小而减小。当卷筒转动速度为 0 时，制动力为 0，此时制动力矩也相应减小至 0。

将升船机各构件力学模型之间的运动和受力传递关系作为约束条件，建立景洪水力式升船机整体动力学仿真模型，见图 3.21。该动力学仿真模型能够模拟同步系统的弹性变形及间隙、导向装置的弹性变形、导向装置导轮与导轨的间隙接触、钢丝绳的弹性变形和重量的转移、承船厢中水体

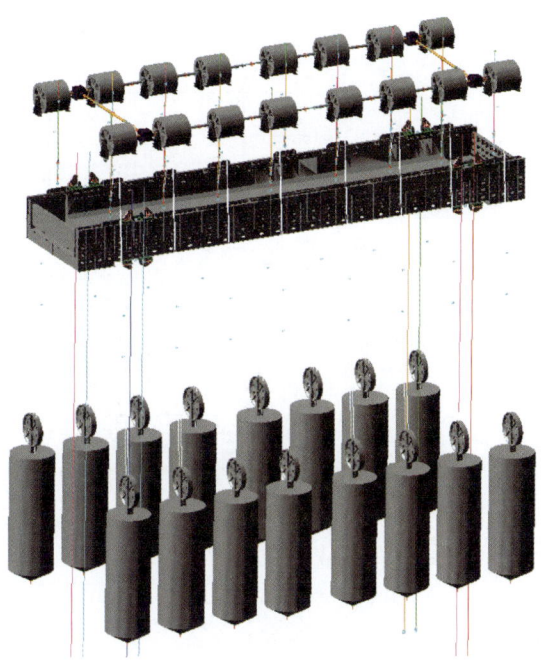

图 3.21　景洪水力式升船机整体动力学仿真模型

的运动等对升船机整体系统运行的影响，还能反映出承船厢的纵向倾斜和横向倾斜状态以及同步系统的整体运动状态等。

3.1.3　同步系统的抗倾斜特性

1. 承船厢有水情况下的抗倾斜特性

计算条件假定为：承船厢载水（水深 2.5m），同步系统的间隙均集中在同一侧。计算结果表明以下几点：

（1）升船机整体系统所能提供的最大抗倾覆刚度为 293420kN·m/(°)，是承船厢中水体产生的倾斜刚度的 4.95 倍，该同步系统的刚度能够满足承船厢抗倾斜要求，并且具备足够的安全储备。

（2）当承船厢运行稳定后，承船厢纵向水平偏差为 8.04mm，同步系统最大扭矩值为 13.86kN·m。

仿真结果见图 3.22 和图 3.23。

2. 承船厢结构不对称的影响

当承船厢结构为对称布置时，承船厢载水稳定时同步系统所受扭矩及应力均较小。经过多次试算后表明，当承船厢上下游重量差为 105t 时（即在承船厢一端放置 105t 的额外荷载），承船厢的最大倾斜为 177.8mm，同步系统位于 4～5 号卷筒之间的联轴器部位的应力值为 89.51MPa，接近同步系统的设

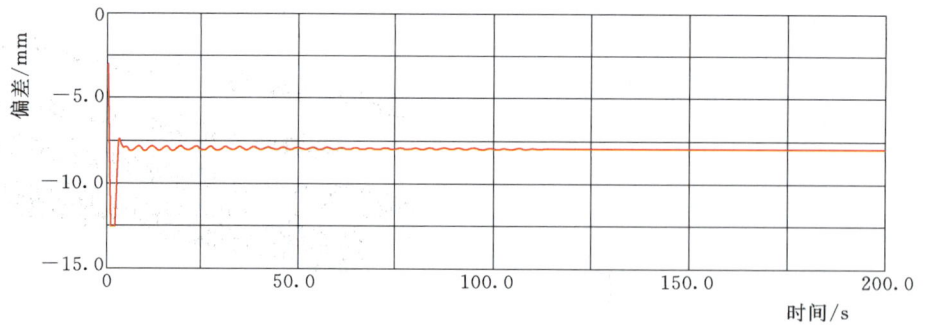

图 3.22　承船厢纵向水平偏差

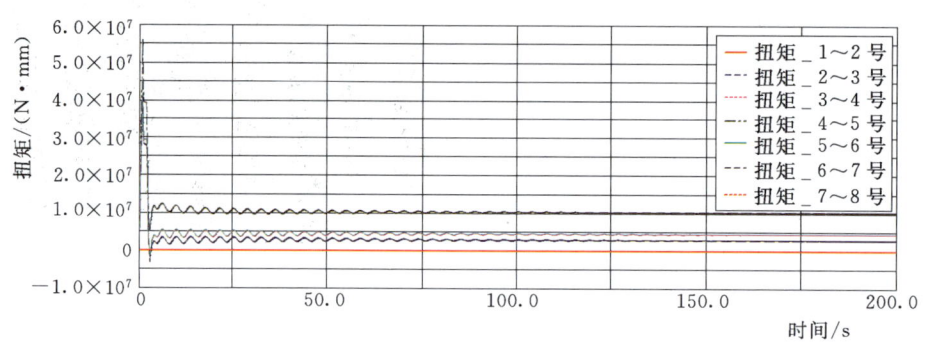

图 3.23　同步轴扭矩

计应力值 90MPa。由此可知，承船厢上下游端部的重量差不能超过 105t。

3. 同步系统横向抗倾斜刚度

利用景洪升船机整体动力学仿真模型，验证景洪升船机同步系统是否满足横向抗倾斜要求。计算时假设承船厢载水（水深 2.5m），同步系统的间隙均集中在同一侧。

计算结果表明，升船机整体系统的横向抗倾覆刚度为 34236kN·m/(°)，是承船厢中水体产生的横向倾斜刚度的 20.59 倍，该同步系统的刚度能够满足承船厢横向抗倾斜要求。

3.1.4　导向系统的抗倾斜特性

根据导向系统的工作原理以及设计要求，影响导向装置作用的参数主要有限位弹簧的刚度和预载荷、导向装置的弹性变形、导向装置支座结构与限位块之间的间隙、导向装置导轮与导轨之间的间隙。建立导向系统动力学模型时考虑了以上五个参数的影响。导向系统动力学模型见图 3.24。

导向系统抗倾斜刚度分析如下：承船厢中水体作用在承船厢上的倾覆力矩与承船厢的倾斜角度成正比关系，倾斜刚度为 k_s，承船厢中水体产生的倾覆力矩为 $k_s\alpha$，其中 α 为承船厢的倾斜角度，见图 3.25 中红色虚线。

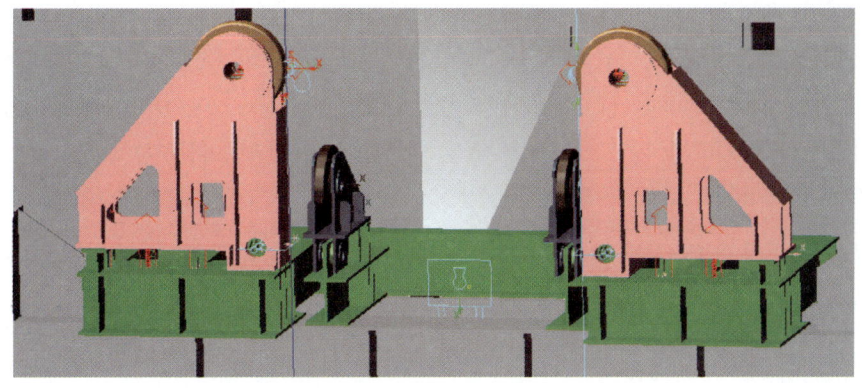

图 3.24　导向系统动力学模型

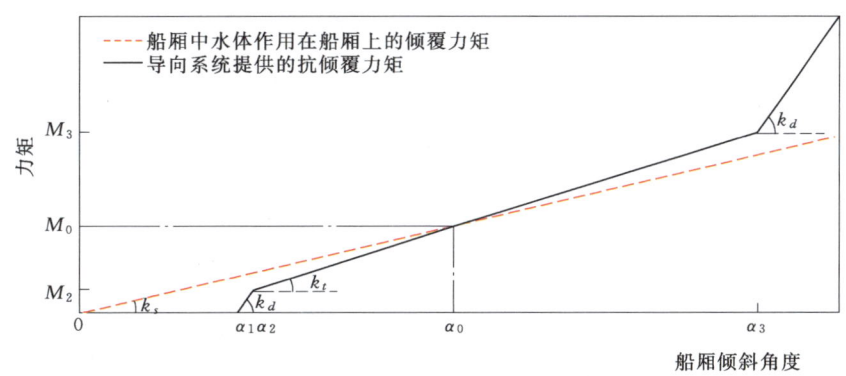

图 3.25　导向系统单独作用时承船厢所受扭矩

导向系统对承船厢的倾斜产生一个抗倾覆力矩，承船厢的倾斜角度越大，导向装置产生的抗倾覆力矩亦越大。当导向系统单独作用时，导向装置产生的抗倾覆力矩与承船厢中水体所产生的倾覆力矩相等时，则承船厢达到稳定平衡状态。

计算结果表明以下几点：

（1）在导向系统单独作用下，限位弹簧刚度为 58860kN/m 能够满足抗倾覆要求，并且有 2 倍的安全系数。对导向系统的不同设计参数进行了计算、分析，得到以下几组计算数据：

1）当限位间隙为 10mm、限位弹簧预载荷为 0 时，导轮与导轨之间的间隙应不大于 6mm，否则导向装置支座结构与限位块接触。

2）当限位间隙为 10mm、限位弹簧预载荷为 30kN 时，导轮与导轨之间的间隙应不大于 7mm，否则导向装置支座结构与限位块接触。

3）当限位间隙为 10mm、限位弹簧预载荷为 58.86kN 时，导轮与导轨之间的间隙应不大于 8mm，否则导向装置支座结构与限位块接触。

4）当限位间隙为 15mm、限位弹簧预载荷为 58.86kN 时，导轮与导轨之间的间隙应不大于9mm，否则导向装置支座结构与限位块接触。

（2）在各种情况下，导向系统导轮与导轨之间的接触力均小于设计荷载。在设计条件下，即导向装置限位弹簧的刚度为58860kN/m、限位弹簧预载荷为58.86kN、限位间隙为15mm、导轮与导轨之间的间隙为5mm时，升船机系统稳定后承船厢纵向水平偏差为128.00mm，上部导向装置导轮与导轨之间的接触力最大为144.6kN、下部导向装置导轮与导轨之间的接触力最大为153.17kN。

3.1.5　同步系统和导向系统共同作用时的抗倾斜特性

在计算模型中，同步系统的间隙均假定集中在同一侧，导向系统限位弹簧的刚度为58860kN/m，限位间隙15mm，假定导向系统轨道为平直轨道。

从计算结果可以看出：当导轮与导轨之间的间隙为0时，导向系统单独受力抵抗承船厢倾斜；当导轮与导轨之间的间隙为1mm时，同步系统和导向系统共同受力抵抗承船厢倾斜；当导轮与导轨之间的间隙不小于2mm时，导向系统不承受荷载，抵抗承船厢倾斜的力矩全部由同步系统提供，且同步系统所受扭矩相同。

计算结果表明以下几点：

（1）同步系统和导向系统能够提供的最大抗倾覆刚度为360960kN·m/(°)，升船机系统能够保持稳定。

（2）在各种情况下，同步系统和导向系统受力均满足设计要求。

（3）在设计条件下，即导向装置限位弹簧刚度为58860kN/m、限位弹簧预载荷为58.86kN、限位间隙为15mm、导轮与导轨之间的间隙为5mm时，在同步系统和导向系统共同作用时，升船机系统稳定后承船厢纵向水平偏差为8.04mm，导向系统不承受荷载，抵抗承船厢倾斜的力矩全部由同步系统提供。

（4）在设计条件下，同步系统和导向系统共同作用时，与同步系统单独作用，升船机系统稳定后承船厢纵向水平偏差和同步系统所受扭矩相同；与导向系统单独作用时相比，升船机系统稳定后承船厢纵向水平偏差和导向系统受力明显减小。

3.1.6　竖井水位不同步对同步轴系统受力的影响分析

水力式升船机输水系统采用等惯性布置，目的是使水流能均匀平稳而且同步地进入或者泄出竖井。实际工程由于施工误差、水流的随机性等原因，会引起输水系统各分支管道的水流惯性以及水头损失出现偏差，导致分配到各竖井中的流量并不均等，从而引起各竖井间水位出现差异而不同步，各竖井间水位

3.1 抗倾斜数值模拟

的不同步又导致各平衡重浮筒受力的不同步，因此需要同步系统承受扭矩来克服各浮筒受力的差异。

计算采用景洪水力式升船机原型调试监测的竖井水位，竖井水位变化过程见图 3.26。由各个竖井水位变化过程的监测数据可知，竖井水位从 590.50m 下降至 581.70m，各竖井水位在下降的过程中均存在一定的波动，水面波动幅度最大为 0.08m，9 号竖井水位一直高于其他竖井水位，相邻竖井水位之间存在差异，其中 9 号竖井和 10 号竖井水位之间的水位差瞬时达到了 0.17m。

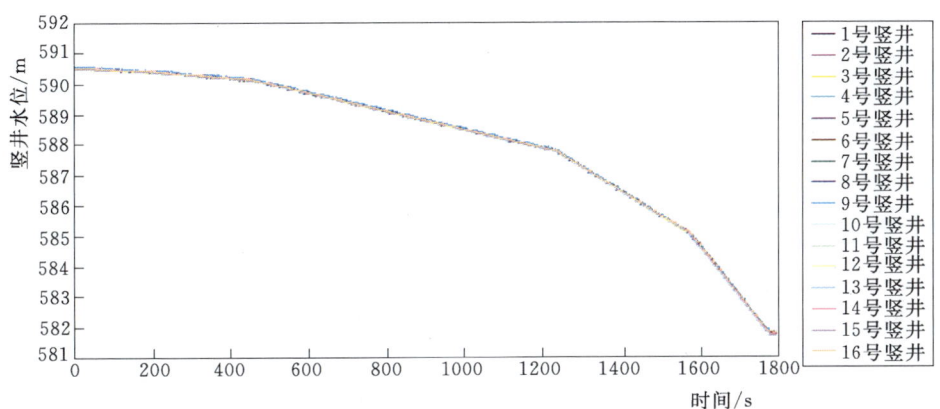

图 3.26　原型调试监测的竖井水位

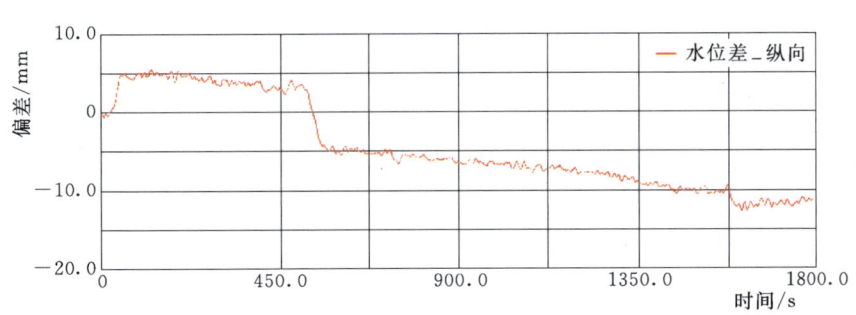

(a) 承船厢纵向水平偏差

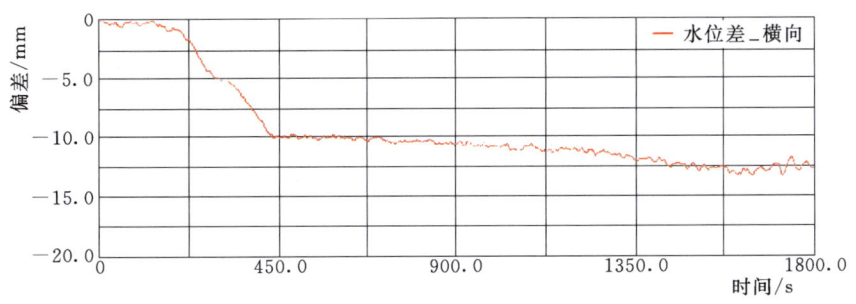

(b) 承船厢横向水平偏差

图 3.27（一）　仿真结果曲线

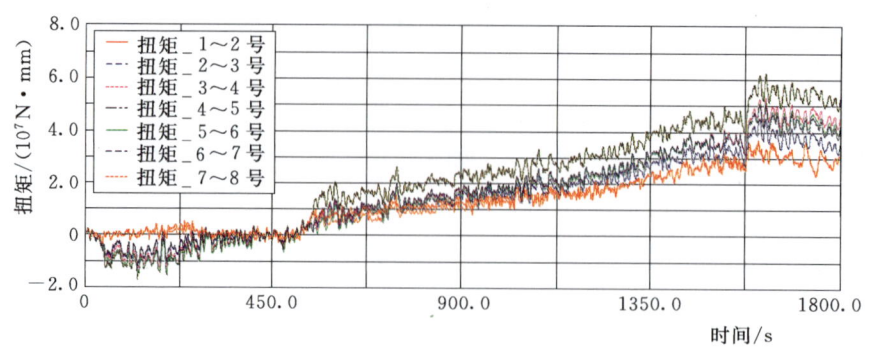

(c) 同步轴所受扭矩

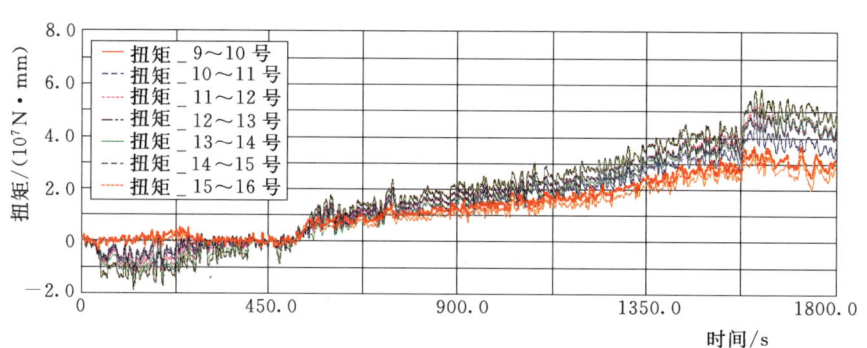

(d) 同步轴所受扭矩

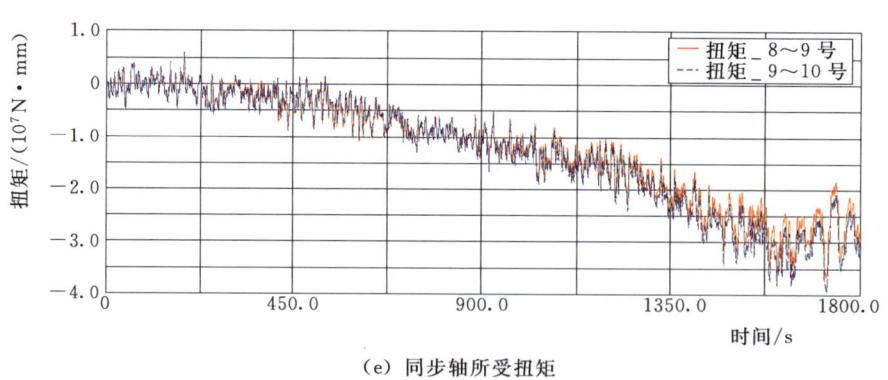

(e) 同步轴所受扭矩

图 3.27（二）　仿真结果曲线

由图 3.27 所示的计算结果可知，在升船机运行过程中，各竖井水位之间出现偏差会影响承船厢倾斜并改变同步系统所受扭矩；由于同步系统的刚度较大、间隙较小，因此在各竖井水位偏差相同的条件下，承船厢倾斜偏差和同步系统所受应力均能满足要求。

3.1.7　制动器上闸不同步对同步轴受力的影响分析

利用景洪升船机整体动力学仿真模型，研究制动器上闸不同步对同步系统及导向系统受力的影响。在计算模型中，各部位初始间隙假定平均分布在两侧；导向系统限位弹簧的刚度为 58860kN/m、预载荷为 58.86kN，导向装置支座结构与限位块之间的间隙为 15mm，导轮与导轨之间的间隙为 5mm。在同步系统和导向系统共同作用时，制动器上闸引起的钢丝绳所受拉力变化见图 3.28 和图 3.29。

计算结果表明以下几点：

（1）当制动器上闸时间完全同步，那么制动器上闸对同步系统各部位承受的扭矩影响不大，但会引起钢丝绳拉力的瞬时变化，并且制动器上闸时间越短，钢丝绳瞬时受力变化越大。

初步研究表明，当全部制动器上闸时间为 0.5s 时，钢丝绳拉力瞬时增大 65.9kN，当全部制动器上闸时间为 0.4s 时，钢丝绳拉力瞬时增大 101.9kN。

（2）制动器上闸时间不同步会引起承船厢倾斜的瞬时增加，同步系统及导向系统所受荷载也相应瞬时增加，并且在制动器上闸不同步的条件下，上闸时间越短，引起的承船厢倾斜的瞬时增量越大、同步系统和导向系统的受力瞬时增量越大。

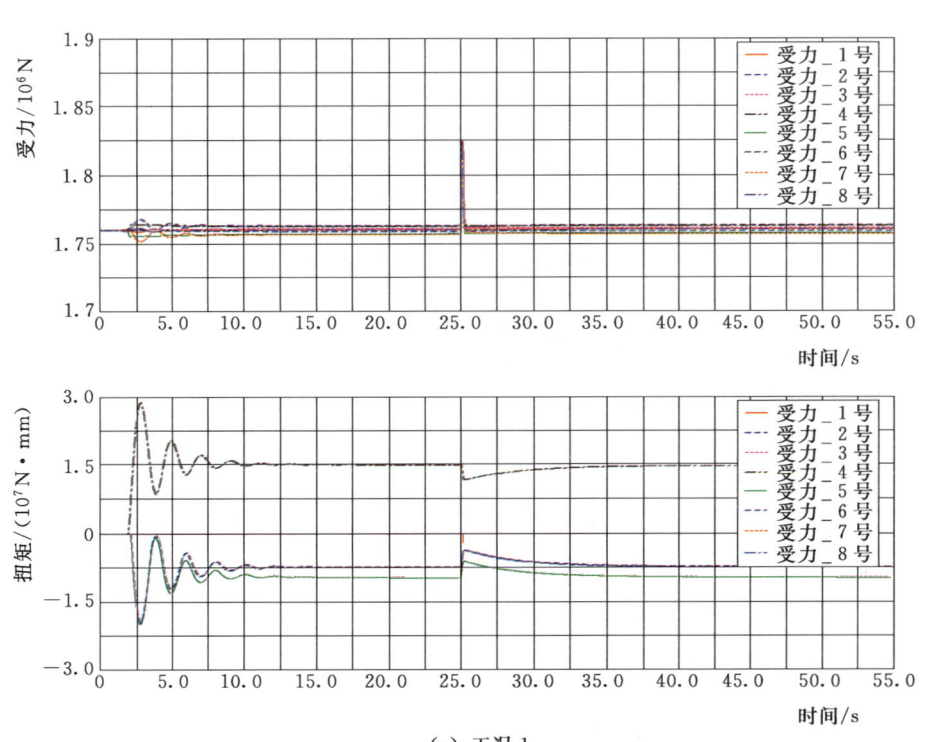

(a) 工况 1

图 3.28（一） 同步系统和导向系统共同作用时，制动器上闸引起的钢丝绳、同步轴受力变化

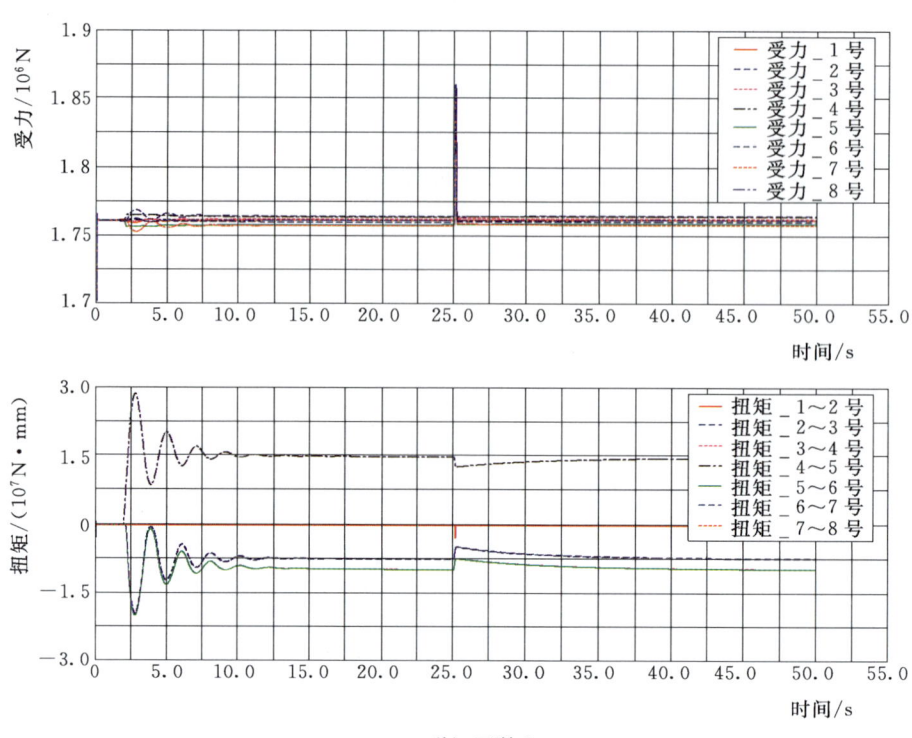

(b) 工况 2

图 3.28（二） 同步系统和导向系统共同作用时，
制动器上闸引起的钢丝绳、同步轴受力变化

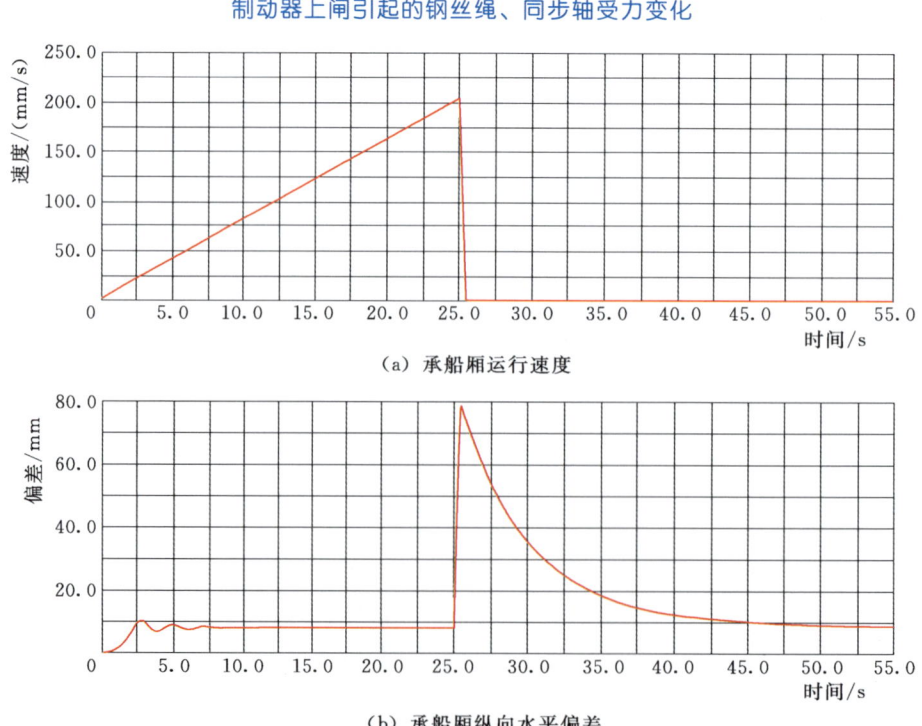

(a) 承船厢运行速度

(b) 承船厢纵向水平偏差

图 3.29（一） 同步系统和导向系统共同作用时，制动器上闸不同步引起
承船厢倾斜及同步轴及导向的受力变化（工况 3）

3.1 抗倾斜数值模拟

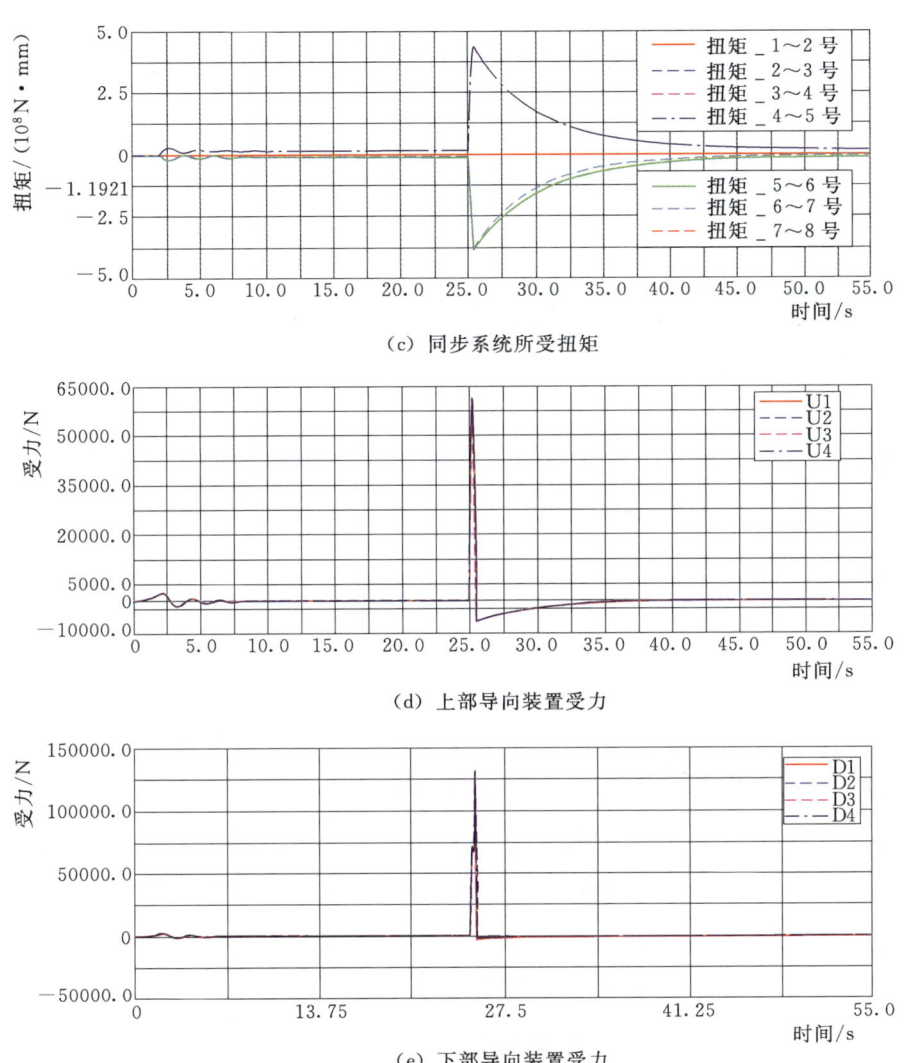

图 3.29（二）　同步系统和导向系统共同作用时，制动器上闸不同步引起
承船厢倾斜及同步轴及导向的受力变化（工况 3）

初步研究表明，在同步系统单独作用时，当全部制动器上闸时间为 0.5s，时间差异为 0.3s 时，同步系统所受扭矩瞬时最大增加 645.49kN·m；当全部制动器上闸时间为 0.4s，时间差异为 0.3s 时，同步系统所受扭矩瞬时最大增加 654.96kN·m。在导向系统单独作用时，当全部制动器上闸时间为 0.5s，时间差异为 0.3s 时，导向系统所受荷载瞬时最大增加 279.62kN；当全部制动器上闸时间为 0.4s，时间差异为 0.3s 时，导向系统所受荷载瞬时最大增加 287.53kN。

根据制动器使用参数要求及设计要求，计算工况如下：

工况 1：全部制动器上闸时间为 0.5s，并且上游 1~4 号、13~16 号制动器和下游 5～8 号、9～12 号制动器时间差异为 0。

工况 2：全部制动器上闸时间为 0.4s，并且上游 1～4 号、13～16 号制动器和下游 5～8 号、9～12 号制动器时间差异为 0。

工况 3：全部制动器上闸时间为 0.5s，并且上游 1～4 号、13～16 号制动器和下游 5～8 号、9～12 号制动器时间差异为 0.3s。

3.2 水力系统数值模拟

基于升船机水力系统三维设计成果，运用多用途 CFD（计算流体动力学）软件 FLOW-3D，对升船机水力系统充水、泄水分别进行了水力学数值仿真计算分析，主要从升船机水流流态、流速以及压力等方面进行研究。

3.2.1 基本计算理论及方法

随着计算机技术的迅速发展、紊流数学模型理论的广泛应用和计算方法的不断完善，数值模拟已成为研究水力学问题的一条重要途径。数值模拟通过整体建模，以原型资料为参数，不存在传统计算公式的限制条件，且不用考虑模型试验中的比尺效应，可以快速、准确地得到三维流场的水深、流速、压力等水力学要素，在水利工程中得到了广泛的应用。

本次计算主要采用大型通用流体力学软件 FLOW-3D 计算景洪水电站升船机水力系统的相关水力学要素。

FLOW-3D 在 CFD（计算流体动力学）领域应用广泛。其独特的 FAVORTM 技术和针对自由表面（free surface）的 VOF 方法为水力学复杂问题提供了更高精度、更高效率的解答。

FLOW-3D 使用的方程式主要是流体力学三大基本方程：连续方程、动量方程、能量方程。[8]

（1）连续方程式：

不可压缩流：

$$\nabla \cdot U = \frac{\partial u}{\partial x} + \frac{\partial v}{\partial y} + \frac{\partial w}{\partial z} = \frac{RSOR}{\rho}$$

密度变化或者可压缩流：

$$\frac{\partial \rho}{\partial t} + \frac{\partial}{\partial x}(u\rho) + \frac{\partial}{\partial y}(v\rho) + \frac{\partial}{\partial y}(w\rho) = RSOR + RDIF$$

式中：$RSOR$ 为质量源；$RDIF$ 为质量扩散。

（2）动量方程式：

$$\frac{\partial u}{\partial t} + \left\{ u\frac{\partial u}{\partial x} + v\frac{\partial u}{\partial y} + \omega\frac{\partial u}{\partial z} \right\} = -\frac{1}{\rho}\frac{\partial P}{\partial x} + G_x - \frac{1}{\rho}\Delta\tau_x - Ku - \frac{RSOR}{\rho}u - F_x$$

$$\frac{\partial v}{\partial t} + \left\{ u\frac{\partial v}{\partial x} + v\frac{\partial v}{\partial y} + \omega\frac{\partial v}{\partial z} \right\} = -\frac{1}{\rho}\frac{\partial P}{\partial y} + G_y - \frac{1}{\rho}\Delta\tau_y - Kv - \frac{RSOR}{\rho}v - F_y$$

$$\frac{\partial w}{\partial t} + \left\{ u\frac{\partial w}{\partial x} + v\frac{\partial w}{\partial y} + \omega\frac{\partial w}{\partial z} \right\} = -\frac{1}{\rho}\frac{\partial P}{\partial x} + G_x - \frac{1}{\rho}\Delta\tau_z - Kw - \frac{RSOR}{\rho}w - F_z$$

式中：u、v、w 为流速；P 为压力；G 为重力加速度和非惯性体加速度；τ 为黏性应力张量；K 为阻力（多孔挡板、障碍、糊状区）；$RSOR$ 为质量源（在零速度场加速度引起的质量喷射）；F 为其他力。

（3）能量方程式：

$$\frac{\partial(\rho I)}{\partial t} + \frac{\partial}{\partial x}(u\rho I) + \frac{\partial}{\partial y}(v\rho I) + \frac{\partial}{\partial z}(\omega\rho I) = P\mathrm{div}U + \nabla\cdot(k\nabla T) + h(T_{\text{wall}} - T) + RISOR + RIDIF$$

$$I = \int_T C(T)\mathrm{d}T + (1 - f_s)L$$

式中：f_s 为固体体积分数；L 为潜伏热；k 为导热系数；$C(T)$ 为比热容；h 为流体传热系数；T_{wall} 为墙壁温度；$RISOR$ 为能量源；$RIDIF$ 为湍流扩散。

VOF 处理流体流动的方程式：

$$\frac{\partial F}{\partial t} + \left\{ \frac{\partial}{\partial x}(Fu) + \frac{\partial}{\partial y}(Fv) + \frac{\partial}{\partial z}(F\omega) \right\} = FDIF + FSOR$$

式中：$FSOR$ 为流体体积源；$FDIF$ 为流体体积分数扩散。

3.2.2 计算条件

（1）计算模型。取升船机水力系统进口至出口进行模拟计算。图 3.30 为升船机水力系统三维模型。

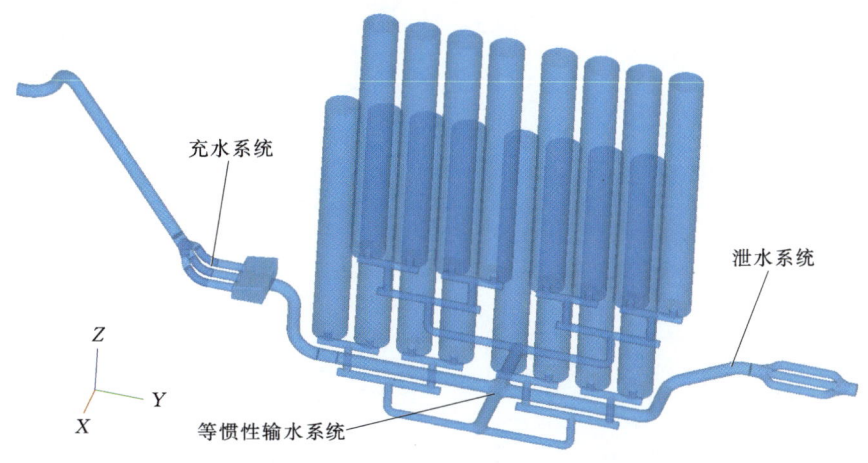

图 3.30 升船机水力系统三维模型

(2) 计算区域。坐标轴规定如下：

X 轴为垂直水流向，左岸指向右岸为正。

Y 轴为顺水流向，上游指向下游为正。

Z 轴为竖直向，竖直向上为正，符合右手螺旋定则。

平面坐标原点为坝横 0+000.000 与升船机中心线交点，高程为黄海高程。升船机水力系统内部空间为计算区域。网格划分情况见图 3.31 及表 3.1。

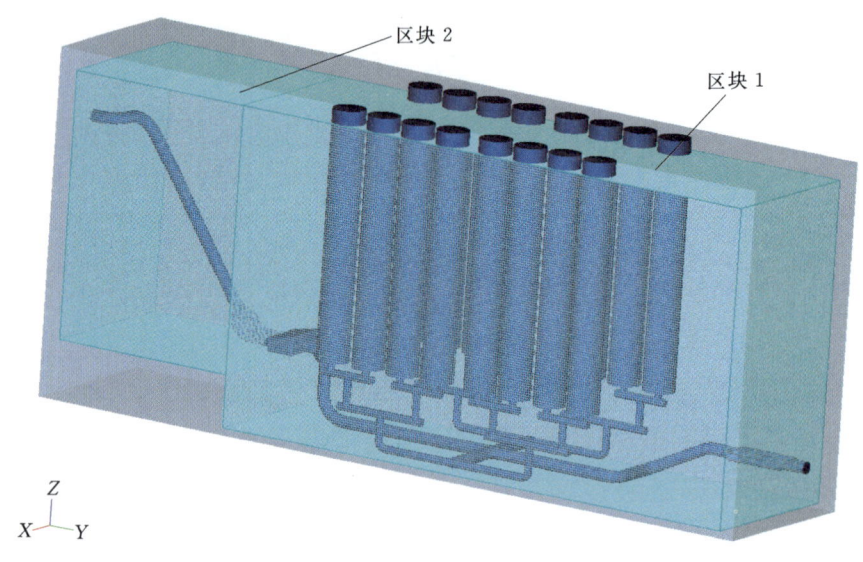

图 3.31 网格划分

表 3.1 计算区域划分情况表

区块	网格划分范围/m			网格数/个			网格总数/个
	X 向	Y 向	Z 向	X 向	Y 向	Z 向	
1	−18～18	9.5～50	535.5～591.5	72	81	112	3158100
2	−18～18	9.5～168.5	524.5～591.5	72	237	134	

(3) 边界条件。边界条件的设定见表 3.2 和表 3.3。

表 3.2 充水边界条件参数表

区块	X_{min} 边界	X_{max} 边界	Y_{min} 边界	Y_{max} 边界	Z_{min} 边界	Z_{max} 边界
1	S	S	S	S	S	P
2	S	S	Q	S	S	P

表 3.3 泄水边界条件参数表

区块	X_{min} 边界	X_{max} 边界	Y_{min} 边界	Y_{max} 边界	Z_{min} 边界	Z_{max} 边界
1	S	P	W	P	S	P
2	S	S	S	W	S	P

边界条件说明：

volume flow rate 为流量边界，以符号 Q 表示；

specified pressure 为压力边界，以符号 P 表示；

symmetry 为对称边界，以符号 S 表示；

wall 为固体边界，以符号 W 表示。

（4）计算参数。本次计算均为有压流，在 FLOW 3D 中模型忽略气体的流动，因此考虑单相流即可。

由于水流本身的紊动特性，水体内部有黏性剪力存在，选择牛顿流体，所采用物理模型为 RNGκ-ε 紊流模型。

各工况下进出口水位取值见表 3.4。

表 3.4 计算工况及对应的上下游水位

编号	工况	上游水位/m	下游水位/m	备 注
1	充水	602.00	535.14	上游阀门打开，下游阀门关闭
2	泄水	602.00	535.14	上游阀门关闭，下游阀门打开

3.2.3 水力学分析成果

（1）流量。各工况流量见表 3.5。流量随时间变化见图 3.32 和图 3.33。

表 3.5 各 工 况 流 量 表

编号	工况	时间/s	流量/(m³/s)
1	充水	460	0～76～0
2	泄水	502	88～0

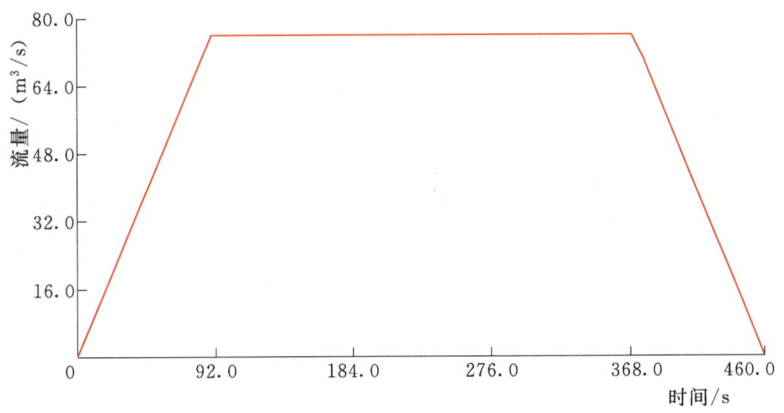

图 3.32 充水工况流量随时间变化图

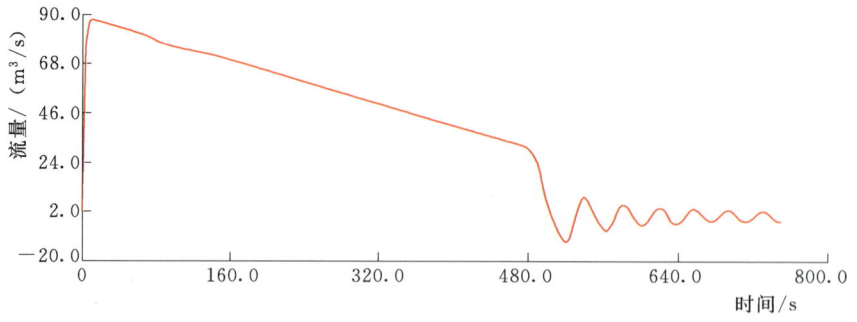

图 3.33 泄水工况流量随时间变化图

（2）充水工况水力学数值模拟分析。

1）流速。图 3.34～图 3.36 为充水工况下等惯性水力系统中竖井及下部管道的流速等值线图。从图中可看出，随着时间推移，竖井内水面逐渐上升，且上升幅度基本一致。各竖井内流速及随时间变化基本一致。竖井表面流速在 0.15m/s 以内。下部支管流速为 3～5m/s。

左侧竖井（$X=-14.2$m）与右侧竖井（$X=14.2$m）随时间推移水面上升幅度基本一致。

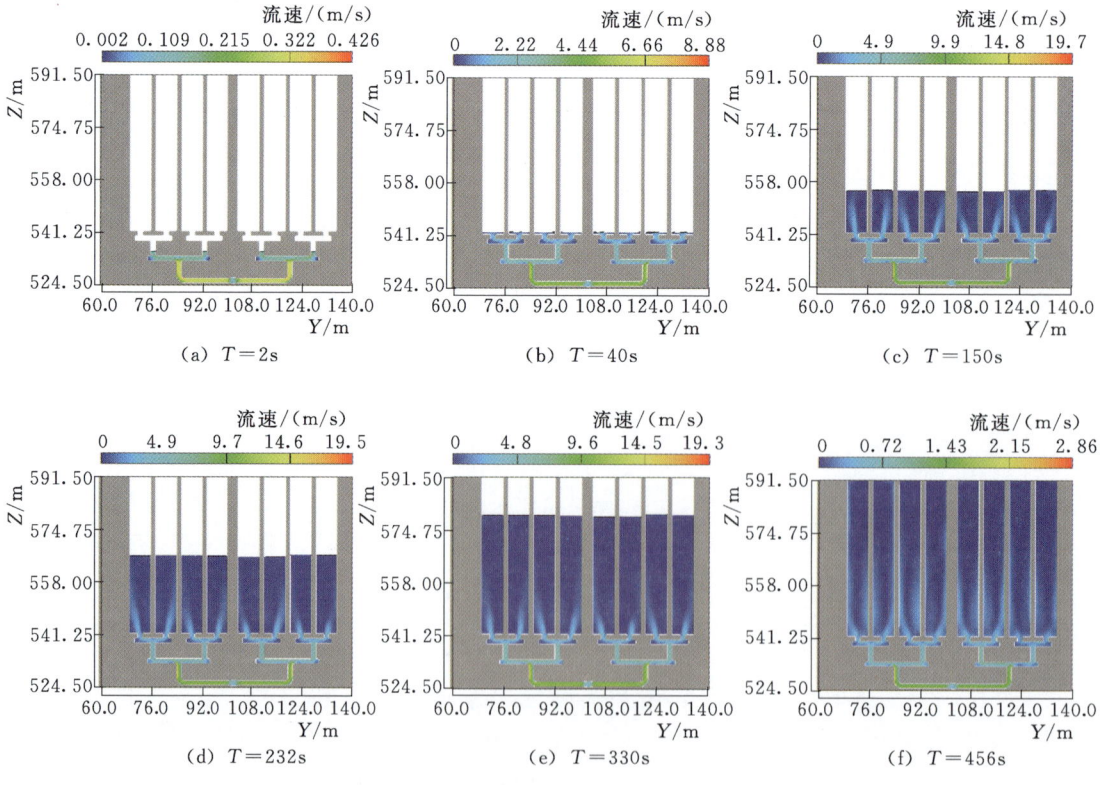

图 3.34 充水工况竖井随时间变化流速分布图（$X=-14.2$m、左侧竖井）

3.2 水力系统数值模拟

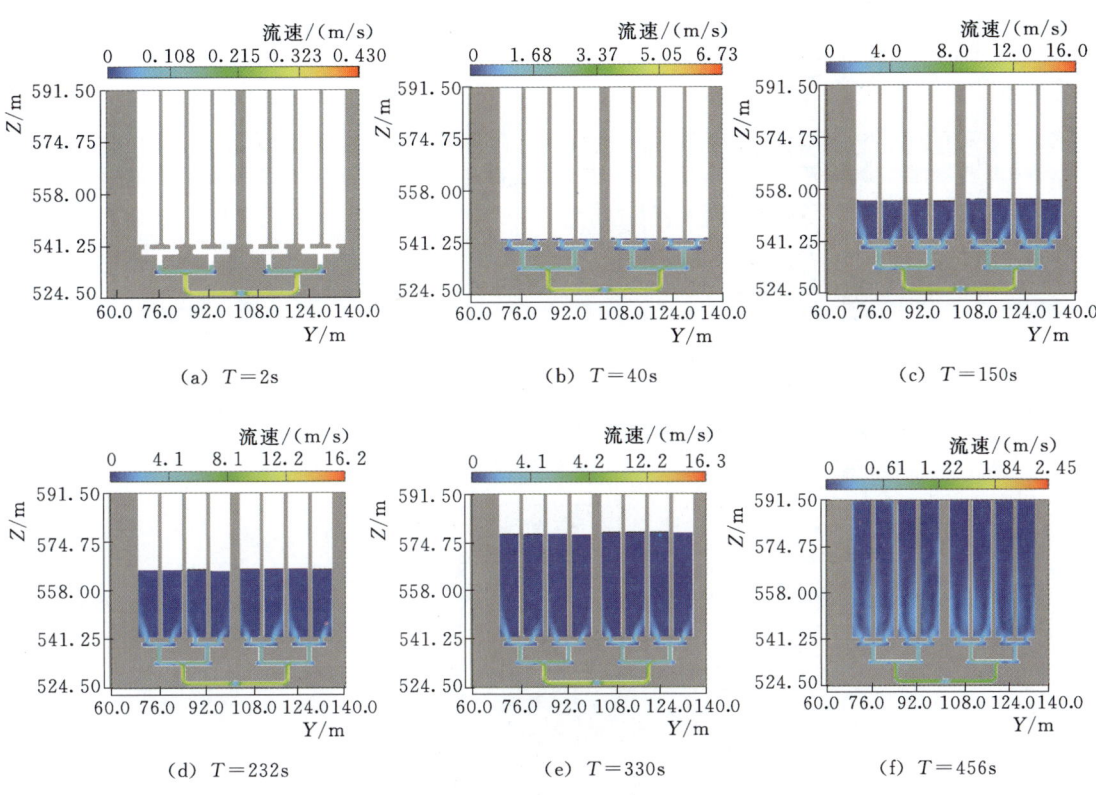

图 3.35 充水工况竖井随时间变化流速分布图（$X=14.2$m、右侧竖井）

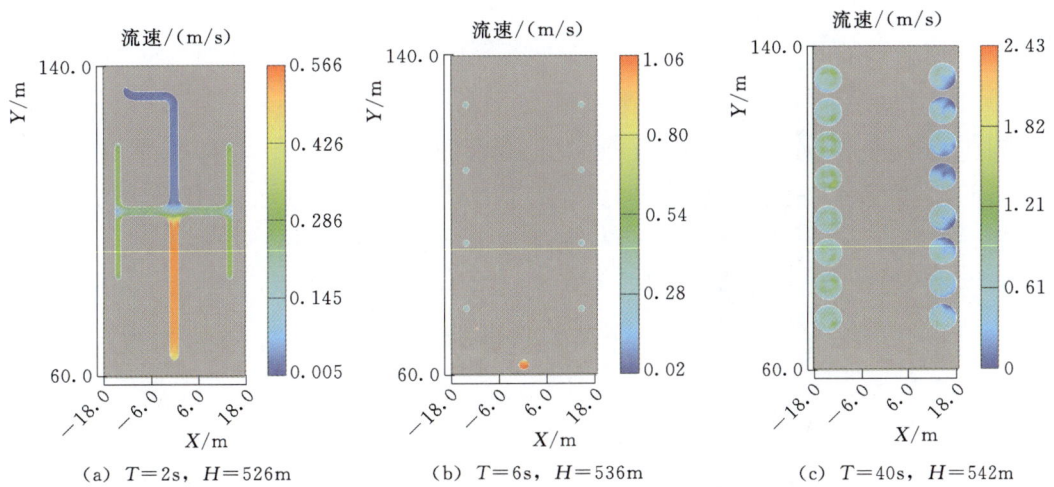

图 3.36（一） 充水工况竖井及下部管道随时间变化不同高程表面流速分布图

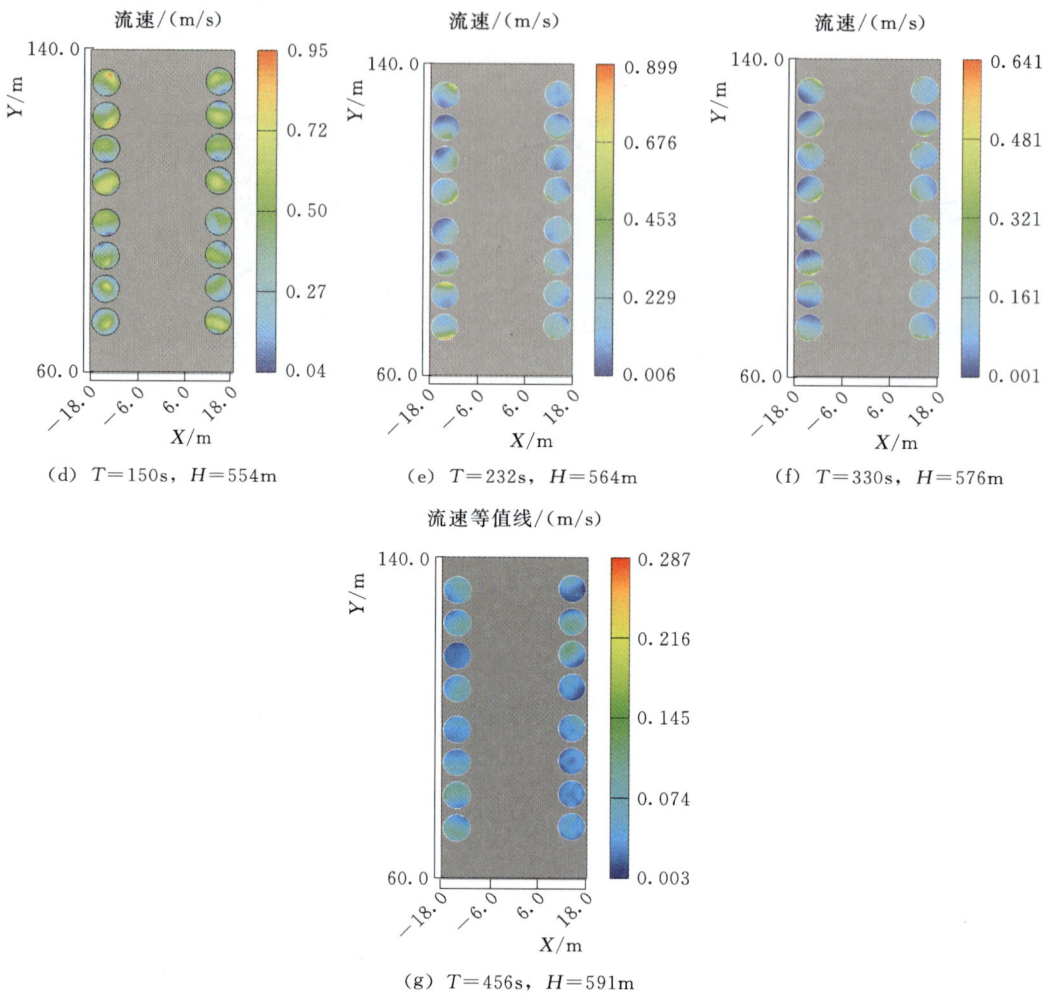

图 3.36（二） 充水工况竖井及下部管道随时间变化不同高程表面流速分布图

2）压力。图 3.37 和图 3.38 为泄水工况下等惯性水力系统中竖井及下部管道的压力分布情况。从图中可看出，随着时间推移，竖井内水面逐渐抬高，且抬高的幅度基本一致。各竖井内压力随时间变化基本一致。最大压力为竖井水位最高时刻，约为 60m 水头，下部管道随水位升高压力逐渐增大。竖井内压力符合静态压力分布规律。

左侧竖井（$X=-14.2m$）与右侧竖井（$X=14.2m$）随时间推移水面抬升幅度基本一致。

（3）泄水工况水力学数值模拟分析。

1）流速。图 3.39～图 3.41 为泄水工况下等惯性水力系统中竖井及下部管道的流速等值线图。从图中可看出，随着时间推移，竖井内水面逐渐降低，且降低的幅度基本一致。各竖井内流速及随时间变化基本一致。竖井表面流速在 0.15m/s 以内。下部支管流速为 3～5m/s。

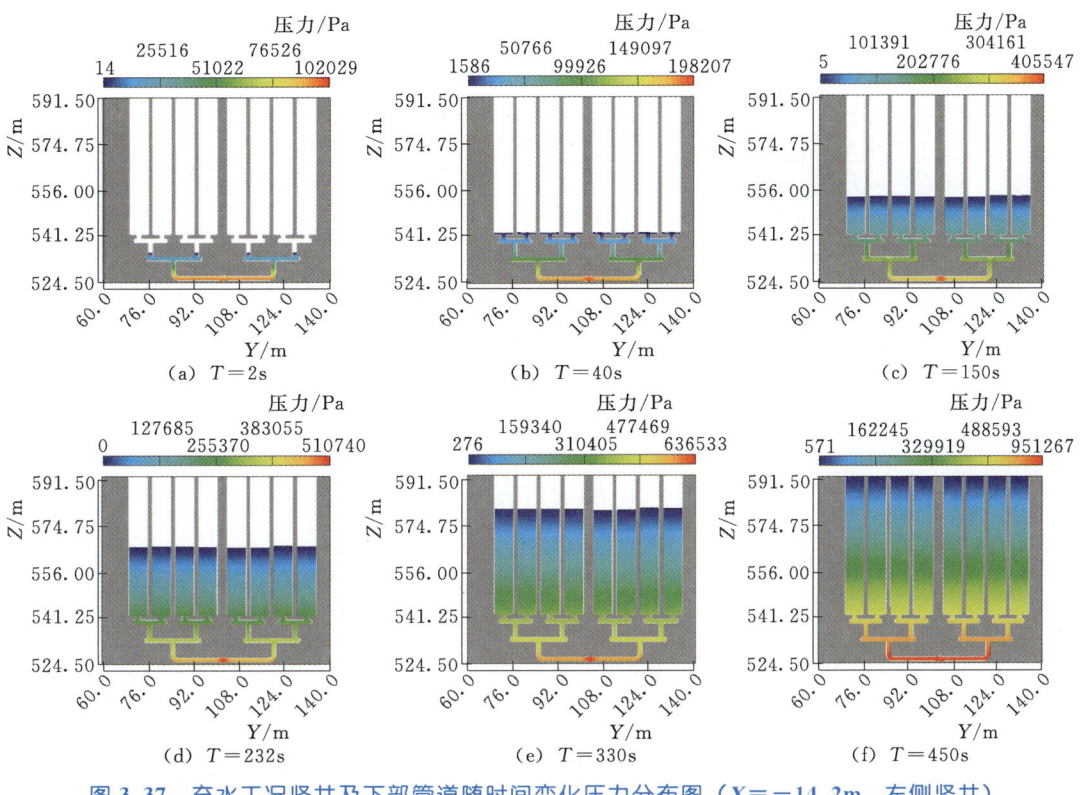

图 3.37 充水工况竖井及下部管道随时间变化压力分布图（$X=-14.2m$、左侧竖井）

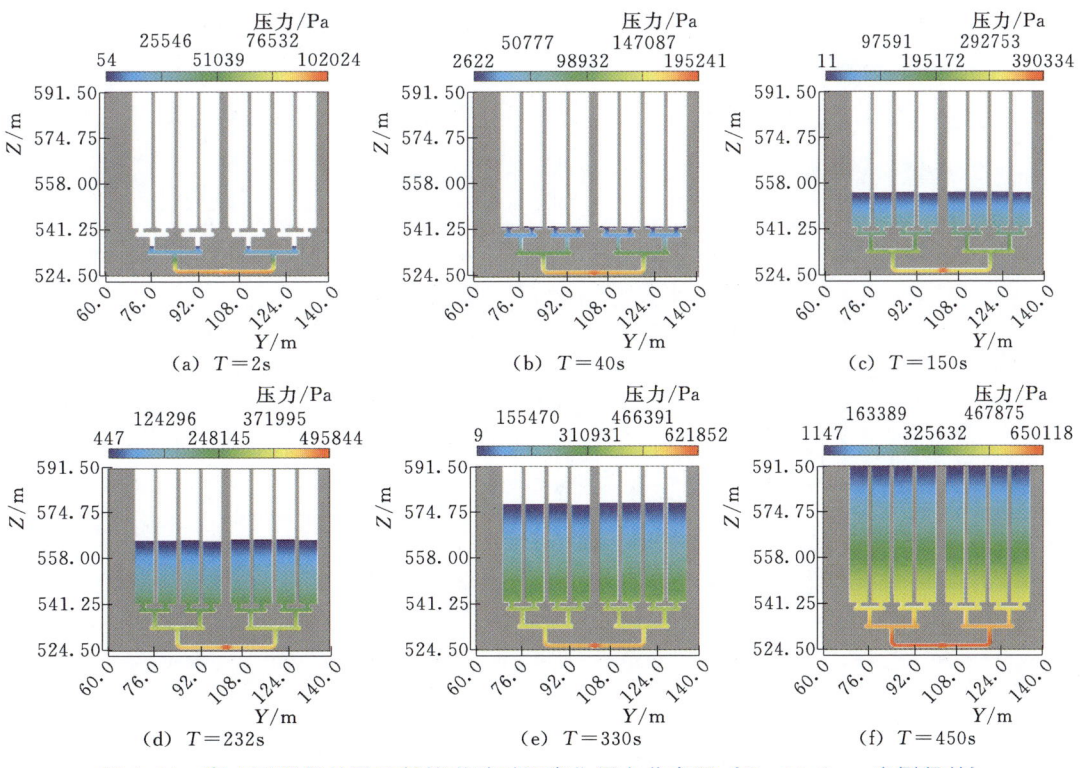

图 3.38 充水工况竖井及下部管道随时间变化压力分布图（$X=14.2m$、右侧竖井）

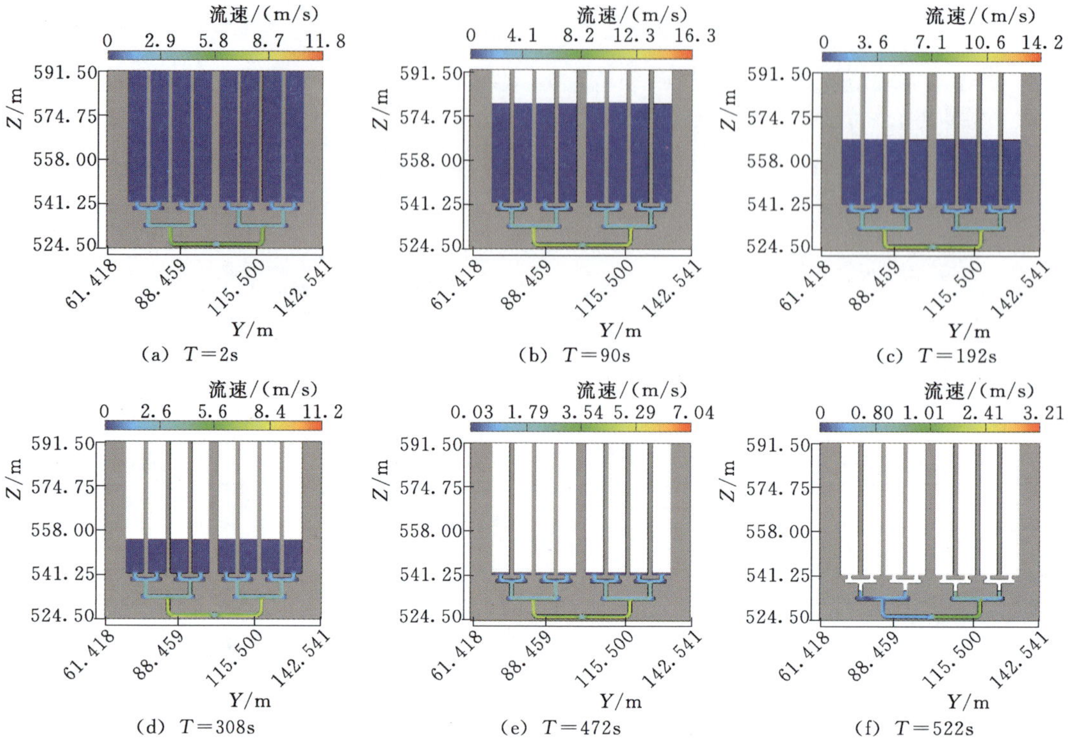

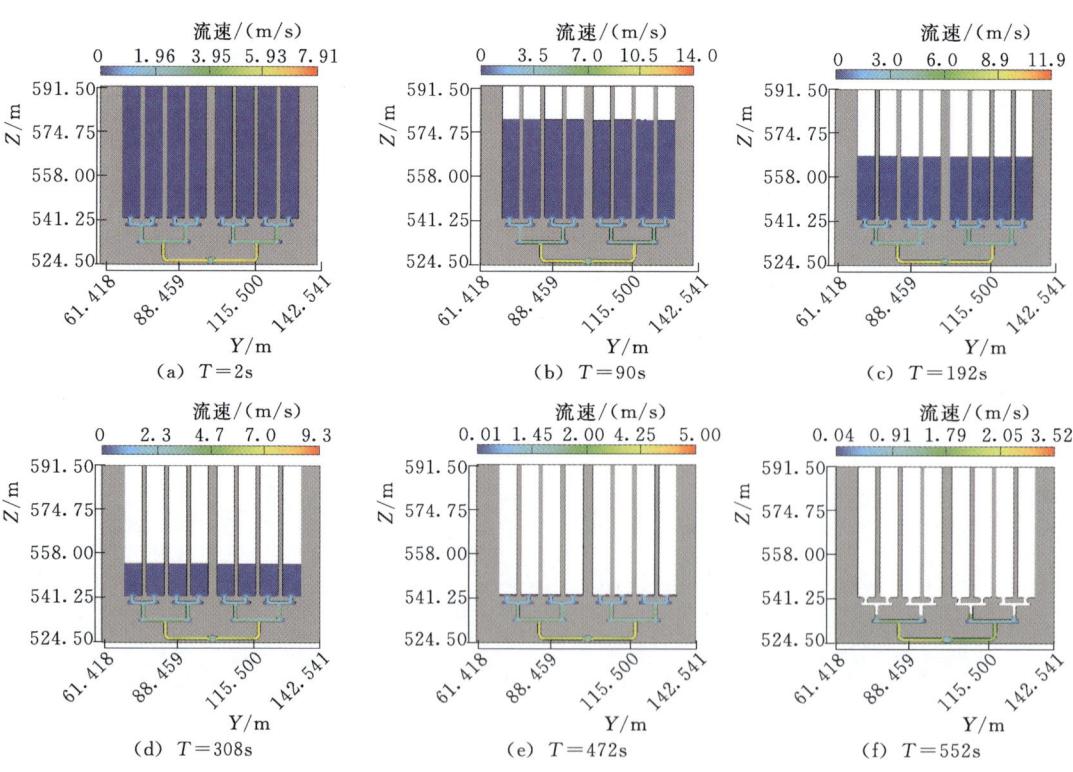

图 3.39　泄水工况竖井及下部管道随时间变化流速分布图（$X=-14.2$m、左侧竖井）

图 3.40　泄水工况竖井及下部管道随时间变化流速分布图（$X=14.2$m、右侧竖井）

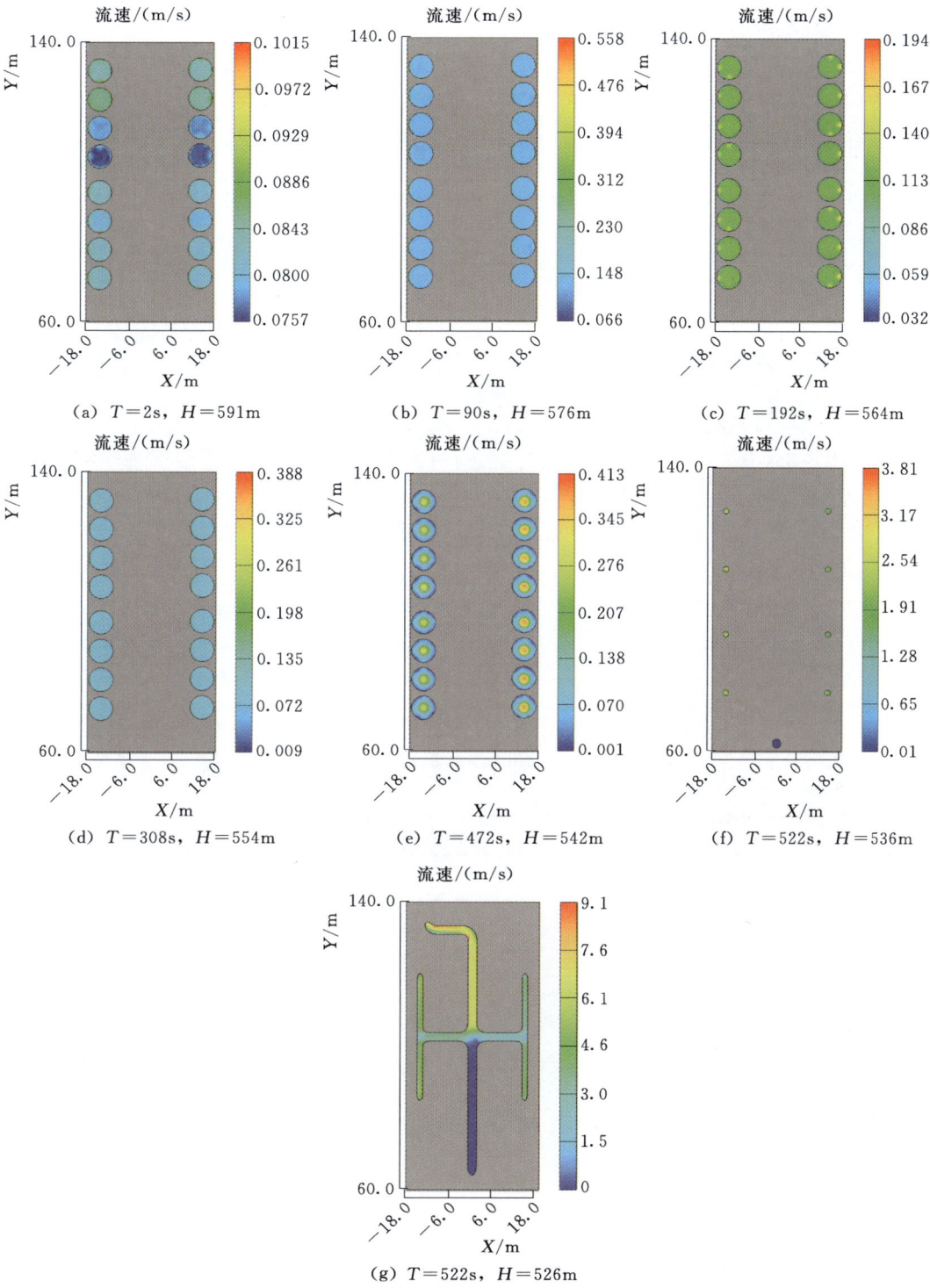

图 3.41　泄水工况竖井及下部管道随时间变化不同高程表面流速分布图

左侧竖井（$X=-14.2\text{m}$）与右侧竖井（$X=14.2\text{m}$）随时间推移水面降低幅度基本一致。

2）压力。图 3.42 和图 3.43 为泄水工况下等惯性水力系统中竖井及下部管道的压力分布情况。从图中可看出，随着时间推移，竖井内水面逐渐降低，且降低的幅度基本一致。各竖井内压力及随时间变化基本一致。最大压力为水位开始降落时刻，约为 60m 水头，下部管道随水位降低压力逐渐减小。竖井内压力符合静态压力分布规律。

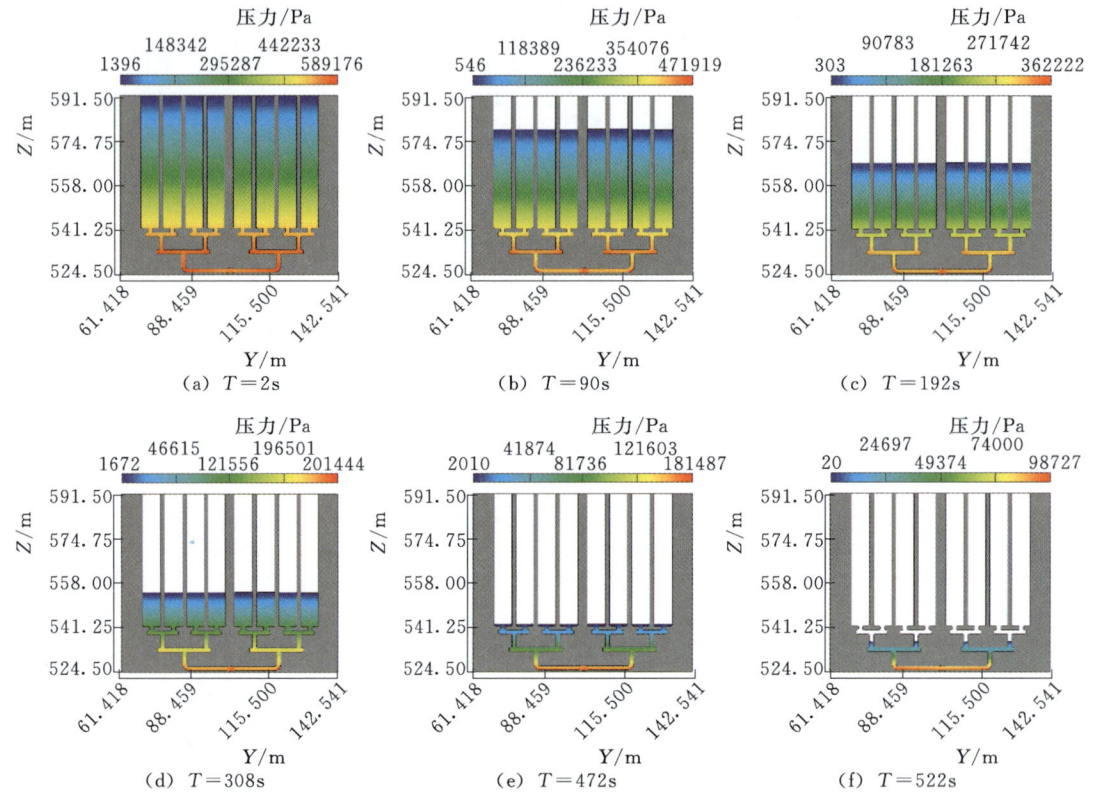

图 3.42 泄水工况竖井及下部管道随时间变化压力分布图（$X=-14.2\text{m}$、左侧竖井）

左侧竖井（$X=-14.2\text{m}$）与右侧竖井（$X=14.2\text{m}$）随时间推移水面降低幅度基本一致。

3.2.4 小结

通过三维数值模拟，可以较为直观地观察升船机水力系统的水流流态及竖井内水流同步上升及下降，较为准确地计算出泄洪建筑物的水深、流速、压力的分布情况。通过对充水、泄水的工况模拟及分析，认为升船机水力系统在两工况下水面上升和下降幅度基本同步，竖井内水流流态稳定，流速在 0.15m/s 以内。

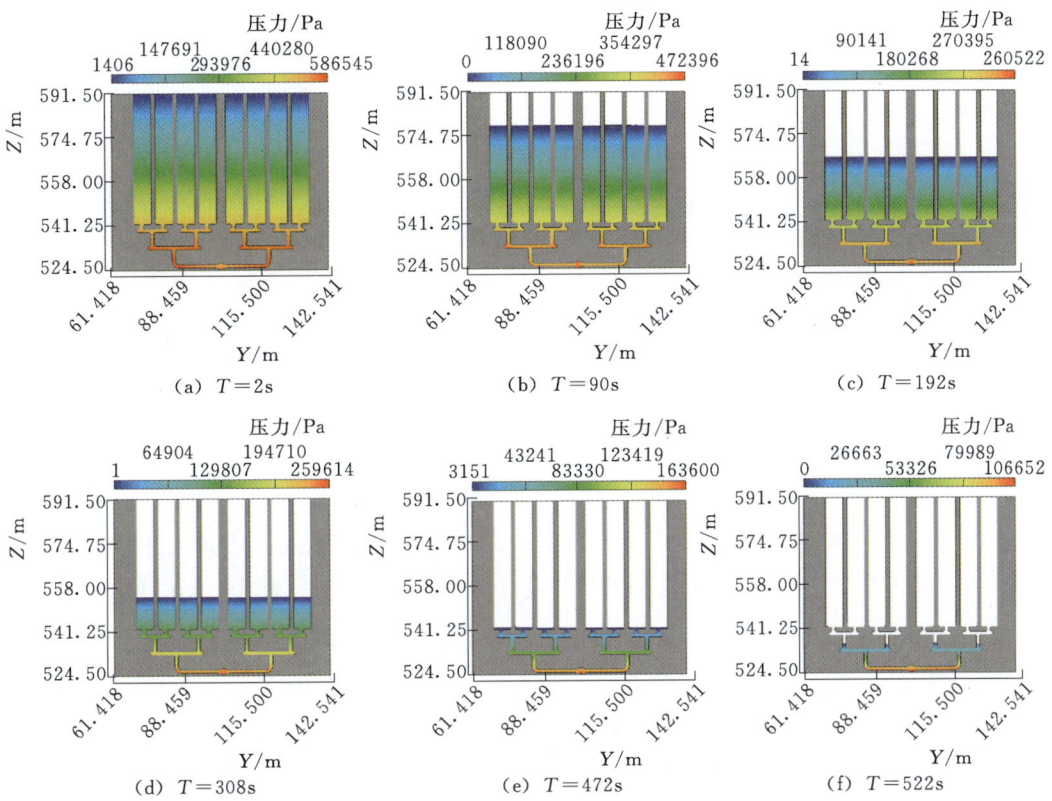

图 3.43　泄水工况竖井及下部管道随时间变化压力分布图（$X=14.2m$、右侧竖井）

第 4 章
水力系统 HydroBIM 设计

4.1 水力系统的功能

水力系统是水力式升船机的心脏,是水力式升船机运行的动力源泉,其作用相当于其他类型升船机的电力驱动系统,它决定着升船机运行的效率和安全。水力系统是水力式升船机的核心系统,也是水力式升船机区别于其他类型升船机的典型系统。

水力系统的主要功能是把上游库水引到各个竖井中,驱动浮筒升降以带动承船厢上下运行,通过对输水流量的调节控制升船机的运行。对水力系统的要求是既要保证输水流量满足升船机的运行速度及承船厢停位精度,又要确保各个竖井之间的水位同步上升下降,且水面平稳无波动。图 4.1 为水力系统三维图。

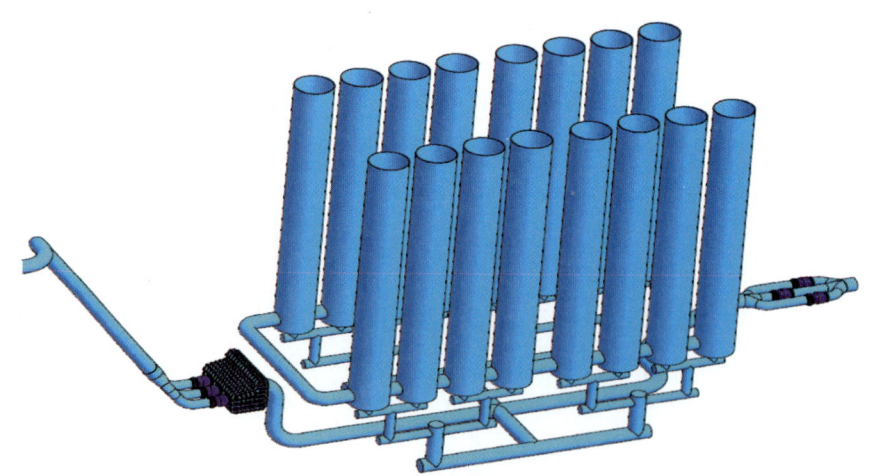

图 4.1 水力系统三维图

4.2 水力系统的组成

水力系统包括进水口、进口快速事故闸门及启闭机、充水管路、充水控制阀门及掺气系统、突扩体、等惯性输水系统、竖井、泄水管路、泄水控制阀门及掺气系统、出口快速事故闸门及启闭机、出水口，以及它们的附属设备。

水力系统的上游取水口布置在升船机上闸首段右侧，自取水口引水至承船厢池底部的充泄水管路中。充泄水系统采用等惯性布置，分别引入承船厢室两侧塔柱内的竖井中。为保证各个竖井水位同步升降，在每侧的竖井之间以及左右两侧竖井的上游底部均设置有连通管。在引水管的水平段布置上游控制阀室，阀室包含主充水阀和辅助充水阀，并设置检修桥吊。泄水管沿承船厢池底部引入下闸首段左侧，通过出水口将水排入2号表孔泄槽中。在下闸首段左侧位置设置下游控制阀室，包含主泄水阀和辅助泄水阀以及检修桥吊。竖井的充水由上游充水阀门控制，泄水由下游泄水阀门控制，图4.2为充泄水系统图。

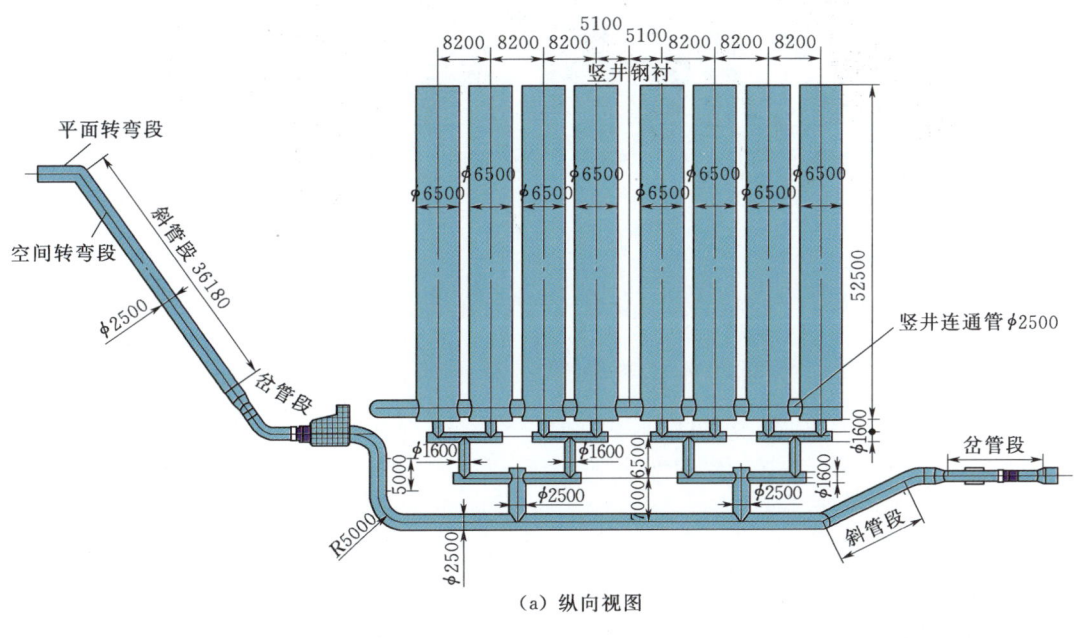

（a）纵向视图

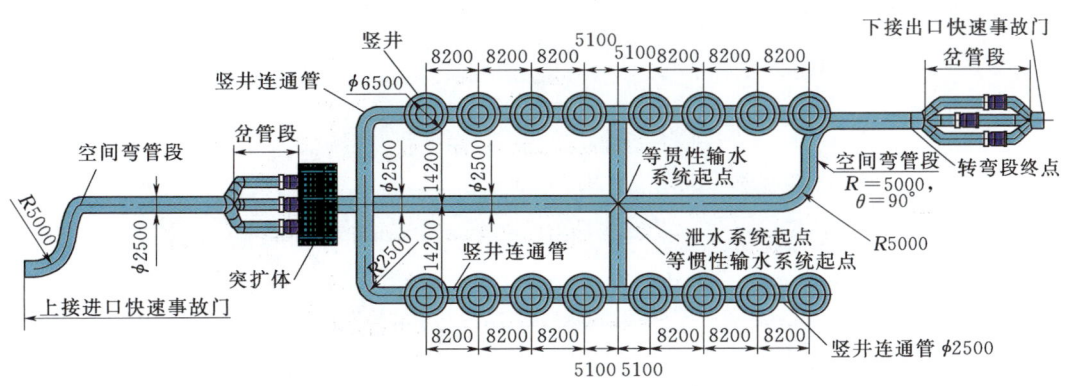

（b）俯视图

图4.2 充泄水系统图（单位：mm）

上游充水阀门的主要功能是控制输水系统向竖井充水，使浮筒向上运行（此时下游泄水阀门关闭），使承船厢向下运行，通过充水阀门对水流的控制，保证升船机正常平稳运行，并确保承船厢准确地停靠于下游对接位置。图 4.3 为上游充水阀门及突扩体三维图。

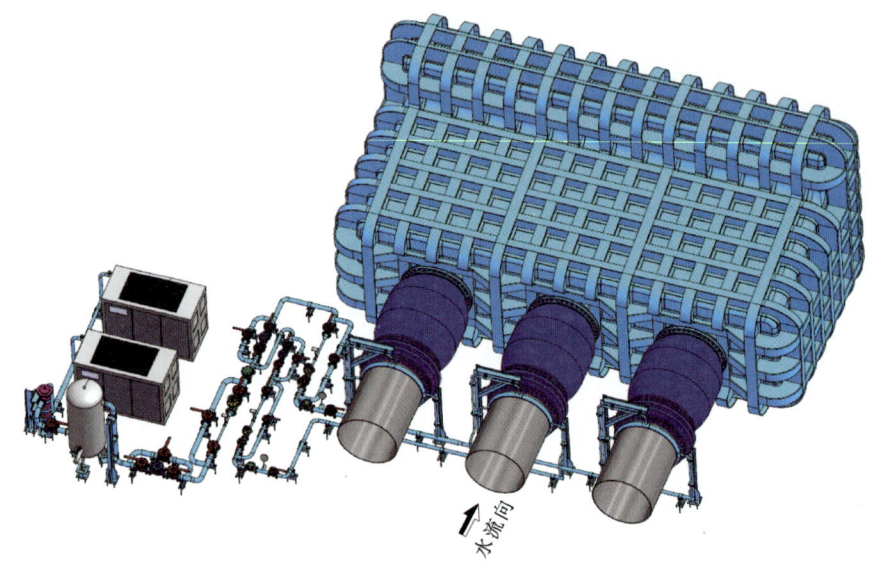

图 4.3　上游充水阀门及突扩体三维图

下游泄水阀门的主要功能是控制输水系统泄水，使浮筒向下运行（此时上游充水阀门关闭），使承船厢向上运行，通过泄水阀门对水流的控制，保证升船机正常平稳运行，并确保承船厢准确停靠于上游对接位置。图 4.4 为下游泄水阀三维图。

在下游阀室的出口位置布置平面快速事故闸门供检修输水管道和泄水阀门时

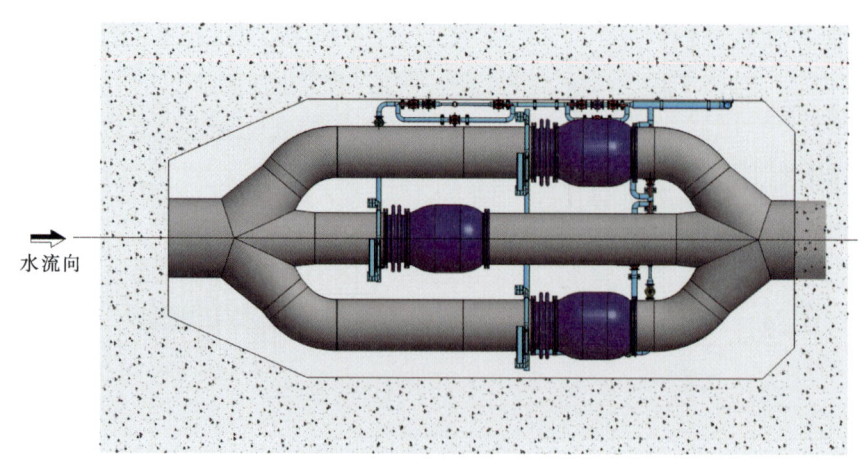

图 4.4　下游泄水阀三维图

使用，当泄水阀出现事故时可快速关闭闸门迅速切断水流，以保护升船机安全。

4.3 输水系统进口及设备布置

4.3.1 进水口布置

在上游取水口进口设有平面快速事故闸门供检修输水管道和充水阀门时使用，当充水阀出现事故时可快速关闭闸门迅速切断水流，以保护升船机安全。平面闸门前设置拦污栅，防止污物进入输水管路。拦污栅的格栅净距根据充水阀对污物大小的敏感度确定，防止影响充水阀门正常工作的污物进入输水管道。

根据升船机的总体布置、船型尺度及过坝能力等设计参数，确定取水口引水管管口中心高程为 580.50m，管口中心最小淹没水深为 10.5m，引水管管径为 2.5m。

4.3.2 进水口设备布置

如图 4.5 所示，在升船机引水管道前设置了 1 孔 1 扇拦污栅阻拦杂物，拦污栅孔口尺寸为 5.0m×7.0m（宽×高），栅槽底坎高程为 579.25m，为增大拦污栅过流面积，拦污栅设计成半圆形。按承受 4m 水头差设计，栅条净距为 100mm。每扇拦污栅体分 2 节制造，每节栅体布置 4 根主横梁，纵向栅条利用横向螺杆和隔套联结成栅片，栅片通过 U 形螺栓固定在主横梁上。栅叶用工程塑料合金作为主支承，通过钢板和导槽作为侧导向和前后导向。在栅叶的底部设置了拦污栅平台，用于放置拦污栅，拦污栅过水时通过工字型端面作为主支承。拦污栅用临时起吊设备在拦污栅前后水头差不大于 3m 的情况下启闭和清污。

在升船机水力系统拦污栅后布置了 1 孔 1 扇平面快速事故检修闸门，孔口尺寸为 3.0m×4.5m（宽×高），设计水头为 30.15m。事故闸门门体梁系为实腹式同层布置，门叶面板及止水布置在上游，利用加重快速闭门，全水头动水快速关闭闸门。事故闸门主支承采用滚动定轮支承。每扇事故闸门门体分 2 节制造，工地安装时通过焊接将闸门连接成一体。闸门门体设 1 个吊点，通过拉杆与启闭机连接。事故闸门采用 QPKY630kN 液压启闭机操作，动水关闭、静水开启，小开度提门充水平压。事故闸门平时悬挂在孔口门楣上方 0.5m 处。当充水阀门发生事故需要关闭闸门时，能在 27s 内动水快速关闭，以保护升船机安全。该液压启闭机为单缸液压启闭机，采用一泵一机的设置方案，泵站布置在表孔启闭机室顶部机房内。油缸安装于门槽上方机架上，机架底座安装高程为 612.00m。事故闸门及液压启闭机的工作状态可在升船机集中控制中心显示。当充水阀门发生事故时，液压启闭机接收由控制中心发来的信号后快速关闭事故闸门。图 4.6 为进水口快速事故检修闸门。

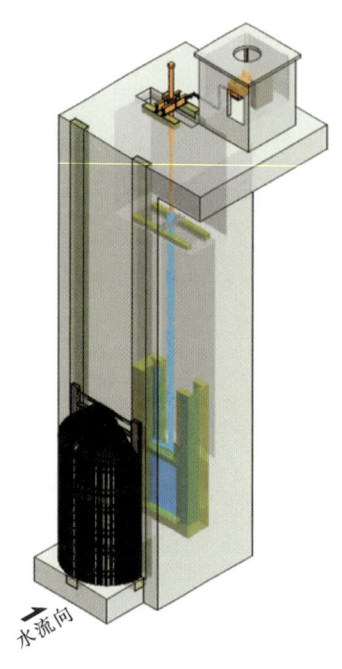

图 4.5　进水口设备布置

图 4.6　进水口快速事故检修闸门

4.4　充泄水系统

4.4.1　输水系统

根据水力式升船机原理，阀门在水力式升船机的主要功能是通过控制水流进而控制升船机的运行，阀门在水力式升船机系统中起着至关重要的作用。通过开启或关闭阀门以连通或阻断管道内的水流，在升船机承船厢对接阶段，通过调节阀门开度精确控制竖井内的水位，实现升船机承船厢的准确停靠。根据升船机的设计参数，其输水系统阀门的功能要求及工况如下：

（1）充（放）水量大。升船机的一个单向运行过程中需要的最大充（放）水约为 18400m^3。为满足过坝运输总吨位要求，升船机完成一个单向运行的时间不超过 17min。在高流速情况下，阀门的操作应灵活可靠。

（2）压差大。根据升船机的运行水位及整体布置，阀门前后压差最大为 60m，在阀门开启的初始阶段，其出口端的压力几乎为零。

（3）阀门使用频繁。在升船机的一个单向运行过程中，阀门相应地将完成开关的过程。

（4）升船机要求停靠准确。根据要求升船机的停靠误差为±3cm，因此阀门只有对水流进行精确控制方能满足停靠误差要求。

（5）密封要可靠。要求阀门能有效地密封，在升船机处于闲置状态时阀门漏水将破坏升船机原有的平衡，阀门最好能做到零泄漏。

（6）阀门还要满足易于检修、方便维护等特点。

对活塞阀、套筒阀、闸阀、蝶阀和球阀进行了全面比较、研究，闸阀、蝶阀、球阀具有流量系数大、过流能力强的特点，但这些阀门的流量调节能力、抗空化能力不满足升船机的运行要求。活塞阀、套筒阀的抗空化能力、流量调节能力均优于闸阀、蝶阀、球阀，同时根据阀门的自身结构特点，活塞阀对污物的适应能力强于套筒阀。所以经综合比较，选择活塞阀作为升船机的充泄水控制阀（图4.7）。同时，为了满足升船机的运行速度及精确停位要求，充泄水阀门采用"主阀＋辅阀"的布置方案。即在升船机每个运行流程中，承船厢的启动运行、结束运行行程段，充泄水阀门均只启用辅助阀门，承船厢运行的中间行程段主阀门和辅助阀门同时投入。

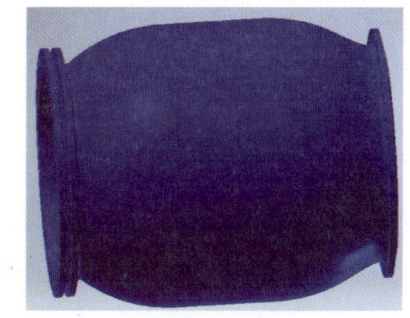

图4.7　充泄水阀门

4.4.2　充水控制阀及掺气系统

（1）充水控制阀。在上游阀室布置了三台充水阀门，三台阀门平行布置，中间为主充水阀门，两侧为辅助充水阀门。阀门的主要作用是通过控制水流进而控制升船机的运行特性，对其控制要求是快速、顺畅、高精度地控制通过阀门的水流。根据升船机运行所需流量，主输水管管径为2.5m，在充水阀前分成3根管径为1.6m的支管，分别与三台充水阀门连接。充水阀室布置见图4.8，充水阀门主要技术参数见表4.1。

表4.1　充水阀门主要技术参数

项　目	技术参数	项　目	技术参数
主充水阀门型号	PIKO SZ30%～20%	流量（主充水阀）	0～58500m³/h
辅助充水阀门型号	PIKO SZ20%	流量（辅助充水阀）	0～14300m³/h
公称直径	DN1600	电机功率	4kW/台
压力等级	1MPa		

（2）掺气系统。为消除充水阀运行过程中的振动、空化等现象，充水阀需进行必要的掺气。充水阀掺气系统主要由空压机、过滤器、储气罐、球阀及单向阀等设备组成，其布置详见图4.9。

充水阀掺气系统主要设备的技术参数见表4.2～表4.4。

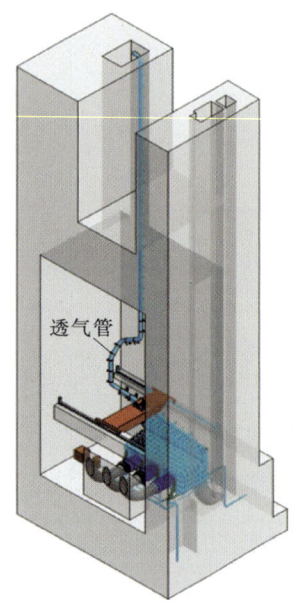

图4.8 充水阀室布置

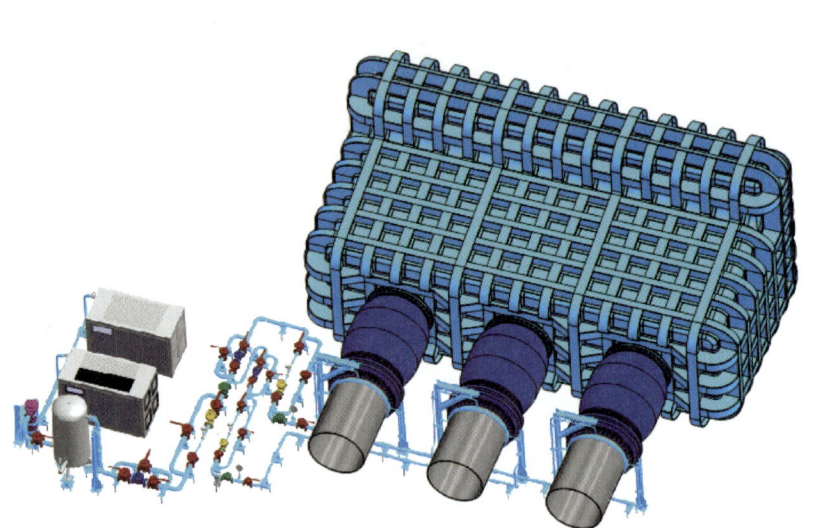

图4.9 充水阀掺气系统布置

表4.2　　　　　　　　　　空压机设备技术参数

项　目	技　术　参　数
名称	风冷螺杆式中压空压机
单机额定排气量	$\geqslant 9 m^3/min$
额定排气压力	$\geqslant 0.75 MPa$
单机排0.75MPa气的气量（现场条件下）	$\geqslant 0.95 m^3/min$
噪声	距空压机1m处不大于85dB
电机电压	AC 380 V
电机频率	变频
电机相数	3相
电机防护等级	不低于IP54

表4.3　空压机出口过滤器技术参数

项　目	技　术　参　数
名称	中压过滤器
流量	$\geqslant 18 m^3/min$
额定压力	$\geqslant 1.0 MPa$
精度等级	$\leqslant 1.0 \mu m$

表4.4　储气罐技术参数

项　目	技　术　参　数
名称	立式中压储气罐
额定容积	$2.0 m^3$
工作压力	1.0MPa
高度	<2.0m

在充水阀前输水管上掺气位置焊接一圆环，圆环外壁均布开制 4 孔，与通气支管连接。圆环内腔输水管上均布开制 60 孔，以使气体能较均匀地掺入输水管内的水体中。气体经通气管输送到 3 台充水阀前掺气位置，再分别分成 4 根支管通入圆环内，最后经输水管上的 60 个小孔均匀地掺入水体中。主充水阀为一条独立气路，两个辅助充水阀为一条独立气路，两条独立气路可分别进行操作控制，以便根据主充水阀、辅助充水阀各自的掺气要求进行适当掺气，见图 4.10。

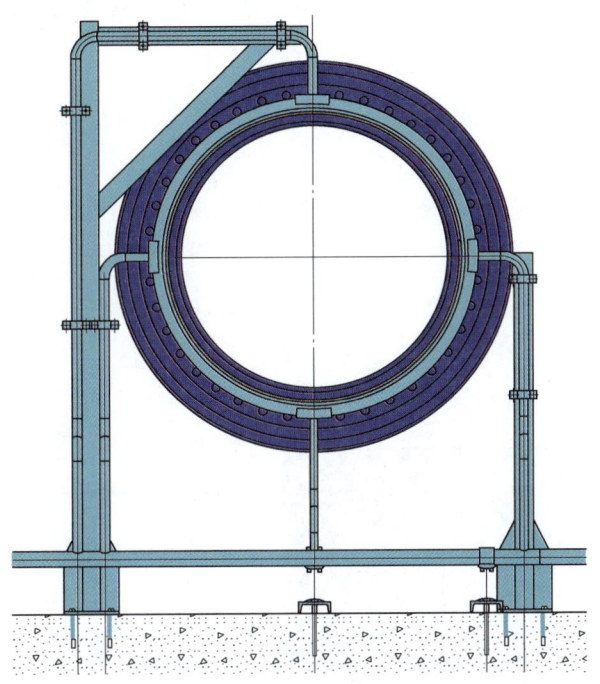

图 4.10 充水阀掺气位置

4.4.3 突扩体

突扩体布置在上游流量调节阀后，布置空间有限。升船机运行期间，输水系统工况复杂，充泄水频繁。上游阀室流量阀后原布置三进一出的岔管结构，调试中出现岔管及其后的弯管内水流急促、流态极不稳定的情况，而且汇合管附近存在"螺旋流"，流量调节阀和管道振动较大。若在此工况下长期运行可能会导致阀和管道疲劳破坏。管道检修费时，输水系统一旦出现故障将影响升船机运行的安全和通航效率，故升船机采用突扩体结构代替原有的岔管结构。

根据南京水利科学研究院《景洪水力式升船机充水阀门常（减）压模型试验研究》成果，充水阀门后的突扩体外形为一不规则的六面体形状，其外形尺寸为 12.74m×6.14m×6.52m（长×宽×高），其顶面为一渐扩 1∶5 的斜面，顶面下游端部设有一集气槽。由于突扩体不规则的外形加之所处位置空间狭小，突扩体的结构设计和强度计算都很复杂。在突扩体结构设计过程中，若仅在突扩体的壳体外部设置梁承担荷载，梁高会很大，给制造安装带来极大的困难且受空间限制，技术上几乎不可行。经过多次方案比较，最后决定采用内外梁系联合作用的方案，即在突扩体的内部也布置梁系结构，外梁系的

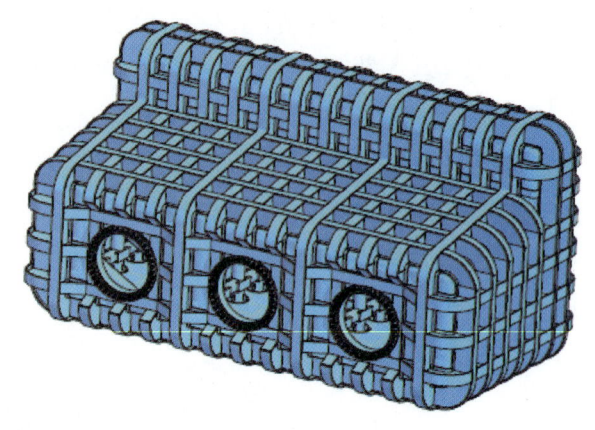

图 4.11　突扩体三维模型

尺寸可根据内梁系进行调整，将外梁系的高度降至合理范围。考虑到内梁系对水流的影响，内梁系选用水力学条件良好的圆形截面钢管构成受力框架。图4.11 为突扩体三维模型，图 4.12 为充水阀及突扩体实景。

突扩体进出口管道的中心线高程为 540.00m，升船机竖井顶部高程为 594.50m，考虑竖井充满水时的极限工况，突扩体的极限承压水头为 54.5m，考虑动水荷载的作用，突扩体的设计水头选为 70m。试验水头按规范要求取 1.25 倍的设计水头，即 87.5m。

由于外梁系主次梁纵横交错，弯曲段多，在与流量阀连接处还存在变截面，采用 Inventor 软件进行全三维设计后，可以很直观地观察突扩体结构，避免主次梁的相互干扰。

图 4.12　充水阀及突扩体实景

设计过程中，采用数值模拟的方法分析论证了突扩体在设计水头及试验水头下的静强度。鉴于突扩体结构的复杂程度和工程的重要性，采用技术可行并被认可的 ANSYS 进行有限元计算。通过多次试算确定了外梁系和内梁系的截面尺寸，使突扩体各部件的受力比较均衡，结构布置较为合理。首先，通过计算得出突扩体在设计水头下的应力和变形分布，选出结构突变处的点、局部应力峰值点和变形较大点等作为关键点，以方便计算结果的提取和对比。然后，分析突扩体在试验水头下的受力情况，通过对比两种工况下的关键点数据，对突扩体结构强度进

行论证。

计算在已有的突扩体 Inventor 三维模型基础上进行，分析突扩体在设计水头下力学特性。基本技术路线为：对突扩体三维模型进行适当简化→将简化的突扩体模型导入 Workbench→在 Workbench 中对突扩体进行静力学有限元分析→在 Workbench 处理模块进行计算结果处理。

4.4.3.1 突扩体设计水头结构静力学分析

1. 三维建模与有限元前处理

在 Inventor 中建立了突扩体三维模型，外梁采用实体建模，面板和内梁采用壳体建模。两软件的接口见图 4.13，在 Inventor 中建立的三维模型见图 4.14。

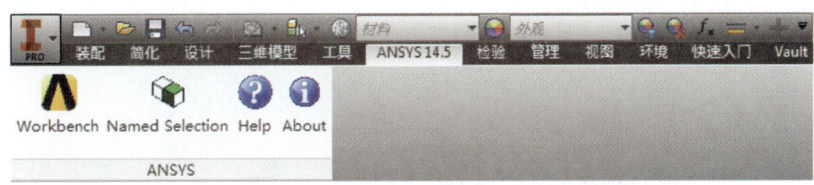

图 4.13　Inventor 与 Workbench 数据传递接口

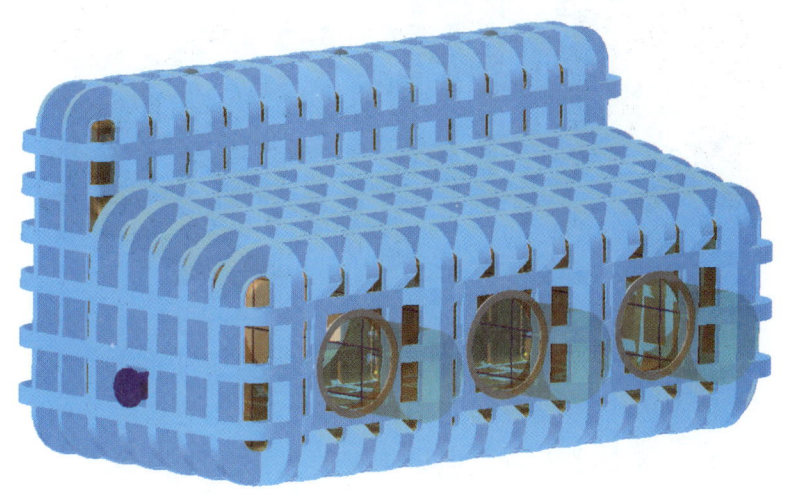

图 4.14　在 Inventor 中建立的三维模型

在 Workebench 环境下，模型总体坐标系 X 轴正向为垂直水流向，Y 轴正向为水流向，Z 轴正向竖直向上，X 轴、Y 轴、Z 轴符合笛卡儿坐标系右手螺旋法则。为得到尽可能精确的计算结果且保证计算机能够求解，在面板转角区域网格划分细密。用 SOLSH190 单元对规则的外梁进行划分，用 SOLID186 单元划分外梁的复杂弯段，用 SHELL181 单元划分面板、钢管和内部斜支承，用 BEAM188 单元划分内梁，网格模型见图 4.15，内梁钢管网格模型见图 4.16。

图 4.15　突扩体整体网格模型

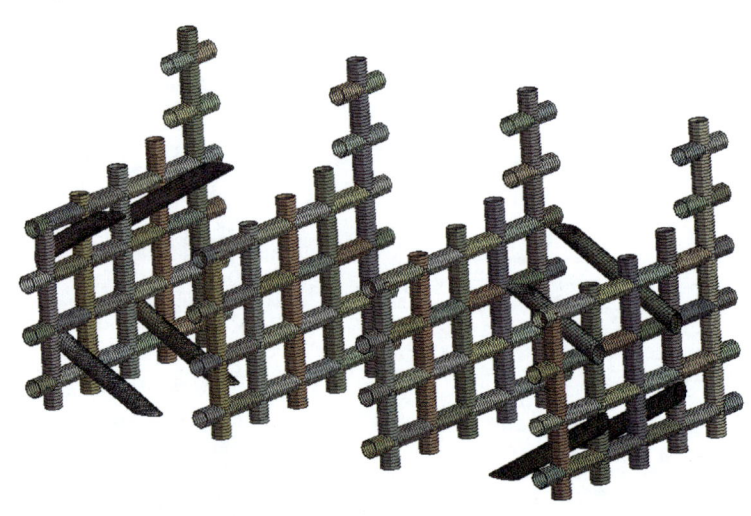

图 4.16　内梁钢管网格模型

突扩体安装时考虑了必要的加固措施。突扩体外梁系底面的上游边的外侧翼缘板、两侧边的外侧翼缘板与预埋板焊接，外梁系下游侧主梁与安装在后墙上的支撑钢梁抵紧，外梁系上游侧主梁用斜支撑抵紧，外梁系下游侧上边的外侧翼缘板、两侧边的外侧翼缘板与支撑钢梁焊接。同时，考虑在突扩体的底面和下游面纵横向的有关外梁的腹板中部开设串浆孔，在梁格间灌满混凝土使结构更加稳固。

计算模型的载荷和约束施加方式如下：添加 Z 轴负向的重力加速度模拟重力场（standard earth grivity），在底部主梁与地面的接触处施加无摩擦支承约束（frictionless support），在上、下游主梁与支撑钢梁的接触处施加无摩擦支承约束（frictionless support），约束进出口钢管外侧面在 Y 轴向的自由度，在面板、进出口钢管和通气管内侧施加 70m 静水压力（pressure），在外梁系的相应位置设置固定约束模拟突扩体与预埋板的焊接连接，有限元计算模型见图 4.17。

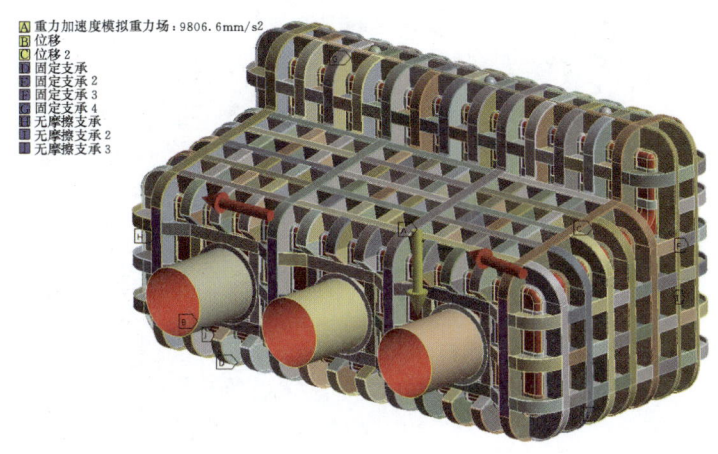

图 4.17 有限元计算模型

2. 三维建模与有限元前处理

（1）突扩体总体等效应力与位移。图 4.18 和图 4.19 分别为突扩体的总体等效应力与位移云图。

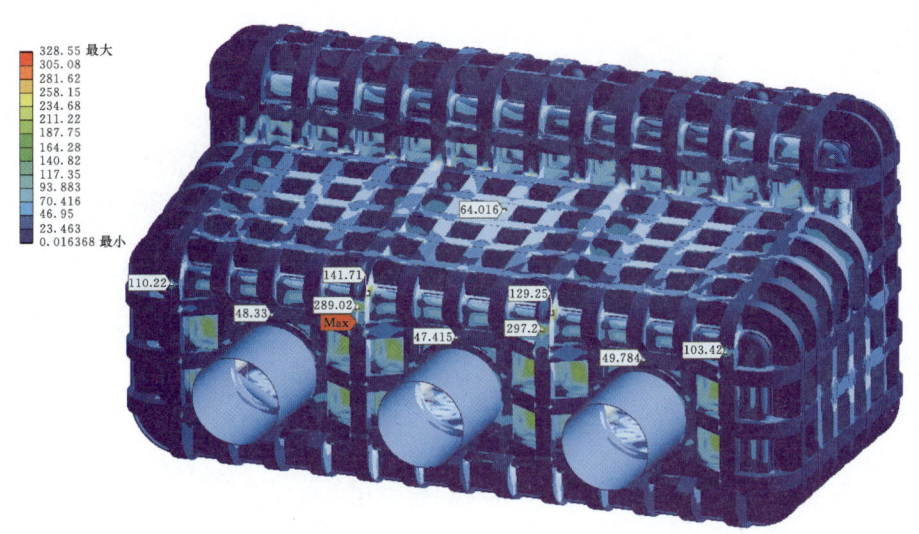

图 4.18 突扩体总体等效应力云图

（2）各部件等效应力与变形云图。所计算的突扩体面板、外梁系结构、进口凹进外梁结构及内直梁系的等效应力云图见图 4.20～图 4.23。

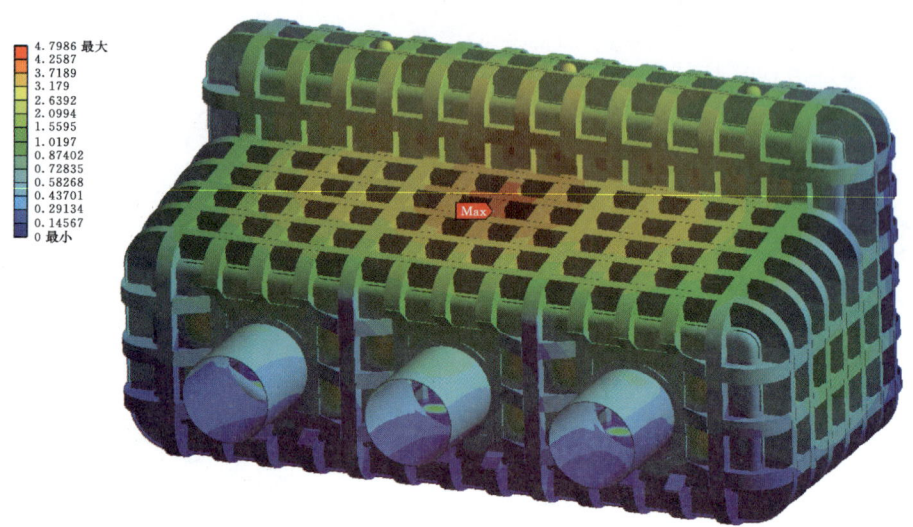

图 4.19　突扩体总体位移云图

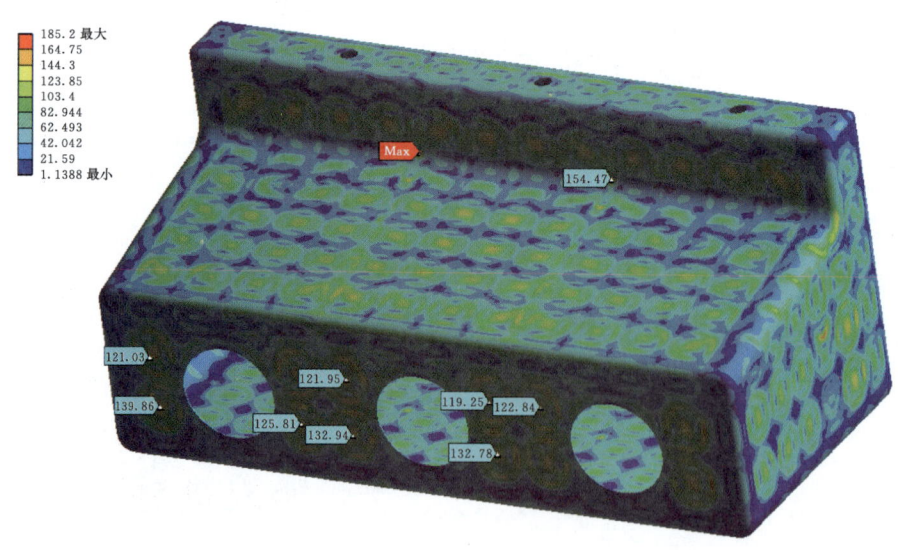

图 4.20　突扩体面板等效应力云图

4.4 充泄水系统

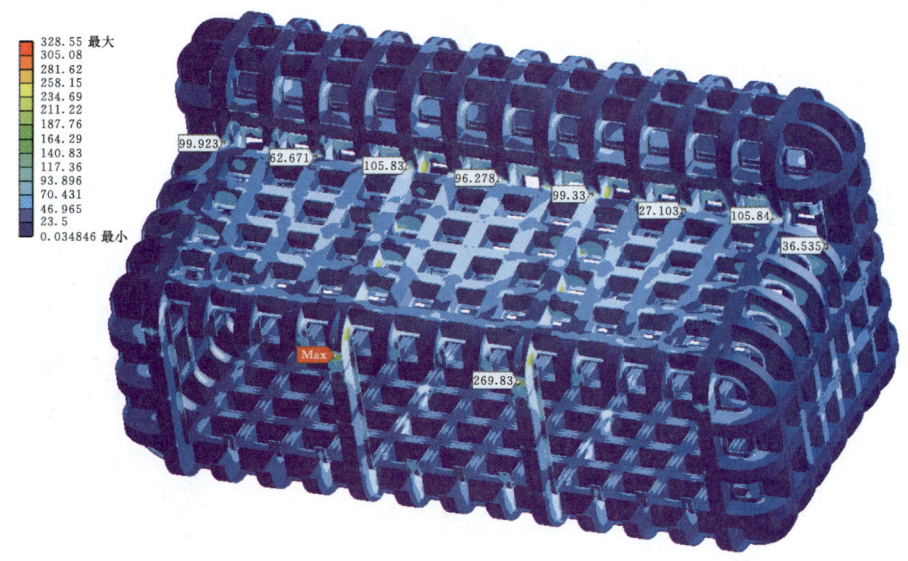

图 4.21 外梁等结构等效应力云图

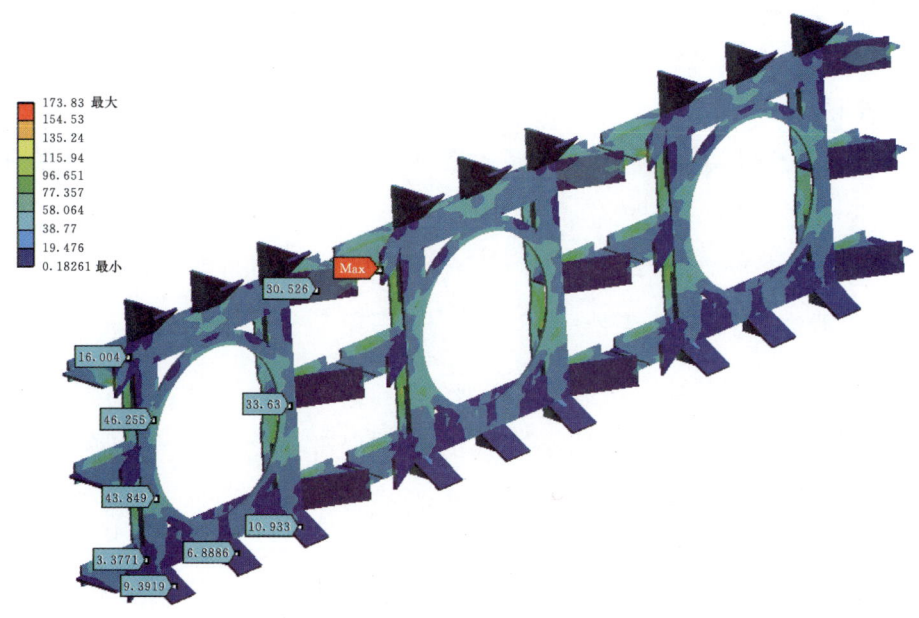

图 4.22 进口凹进外梁结构等效应力云图

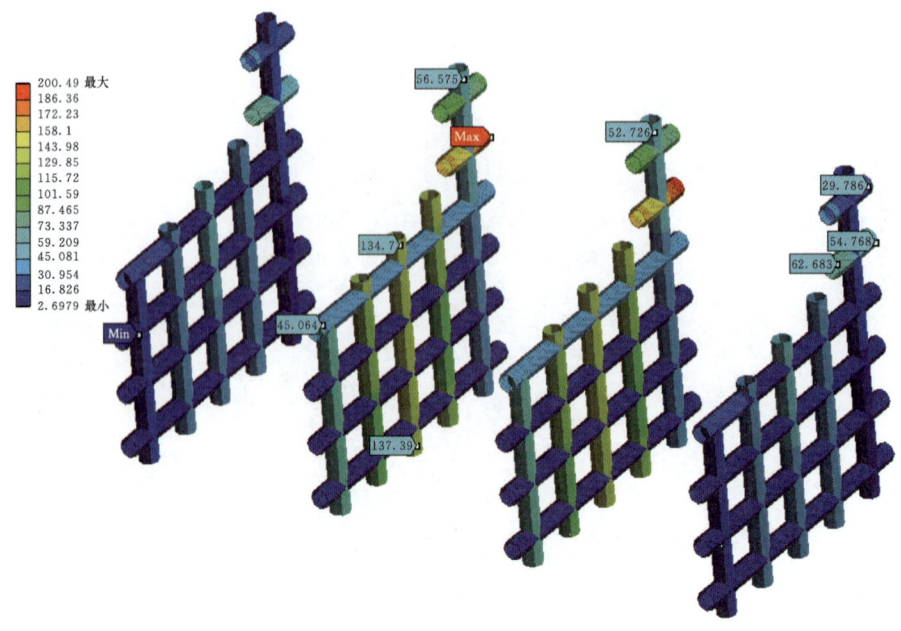

图 4.23　内直梁系等效应力云图

4.4.3.2　突扩体试验水头结构静力学分析

试验水头按规范要求取 1.25 倍的设计水头，计算模型不变，水压力荷载由 0.7MPa 变为 0.875MPa。

计算结果后处理如下。

（1）突扩体总体等效应力与位移。图 4.24 和图 4.25 分别为突扩体的总体等效应力与位移云图。

（2）各部件等效应力云图，见图 4.26～图 4.28。

4.4.3.3　突扩体结构强度评价

1. 关键点的选取

基于以上的计算，选出结构突变处的点、局部应力峰值点和变形较大点等作为关键点，以便计算结果的提取和对比。

在突扩体的相应位置布置 $A\sim O$ 共 15 个关键点，其中关键点 $A\sim I$ 布置在外梁系的外部翼缘板表面，关键点 $J\sim O$ 布置在突扩体壳体上。布置位置详见图 4.29。

2. 强度评价

综合以上云图和计算结果可得出：突扩体结构在设计水头和试验水头压力下，关键点处的应力值小于构件的抗力限值，且米塞斯应力普遍小于

4.4 充泄水系统

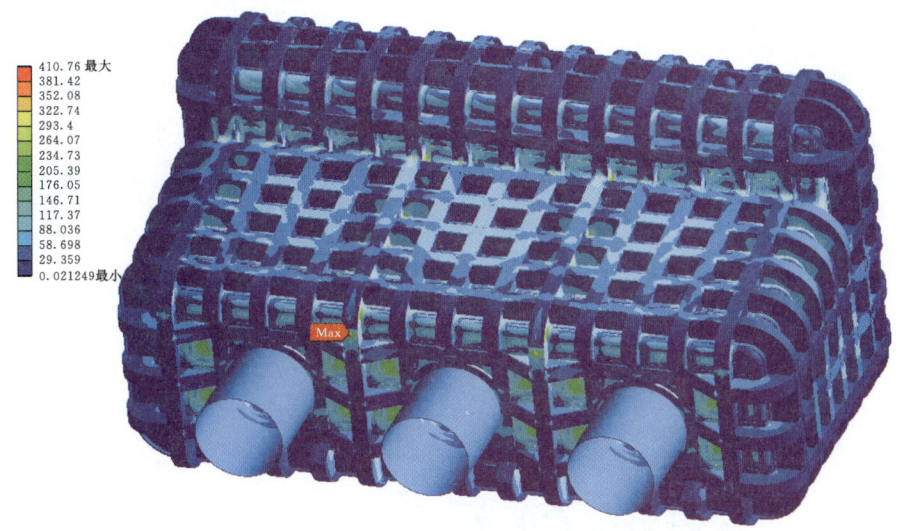

图 4.24 突扩体总体等效应力云图

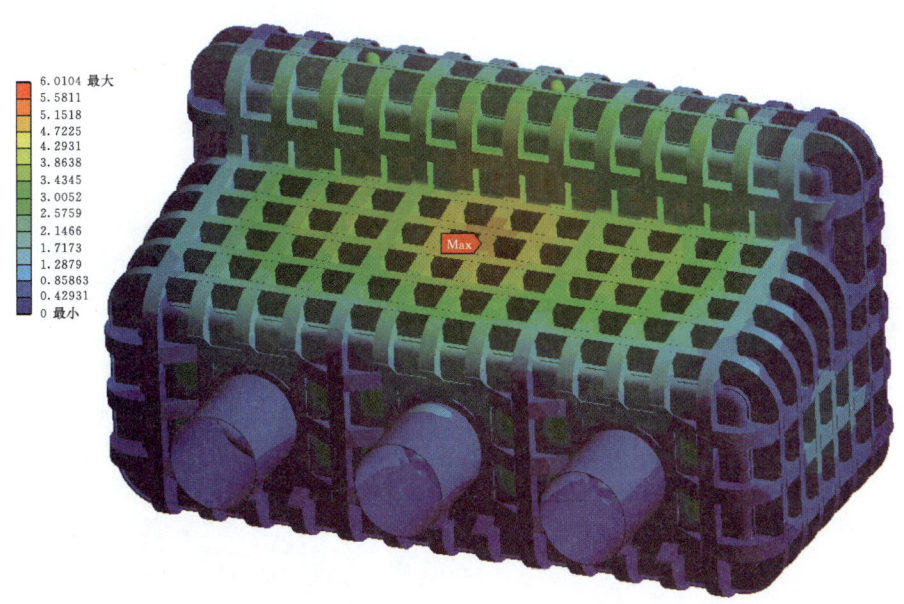

图 4.25 突扩体总体位移云图

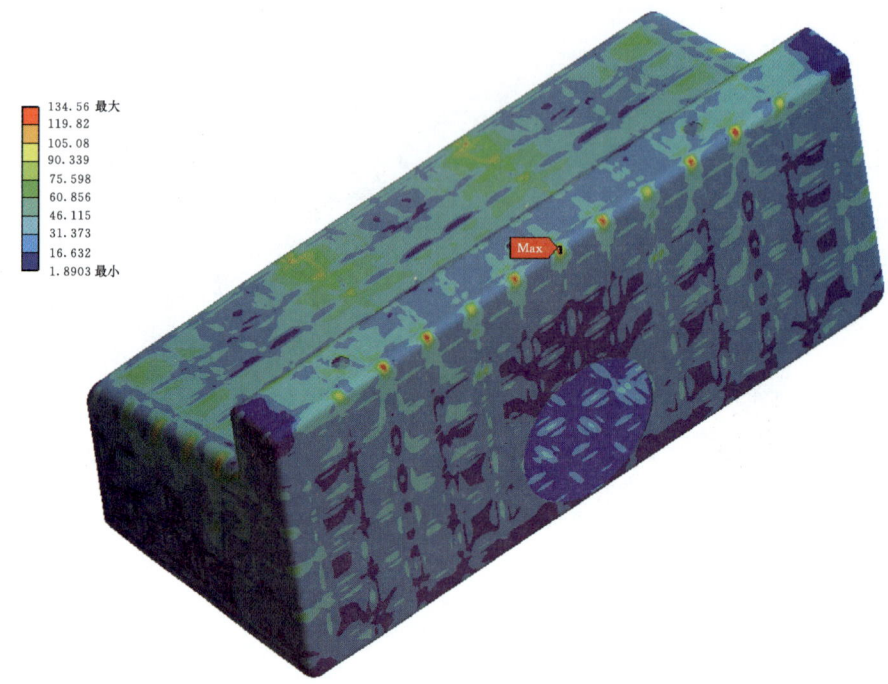

图 4.26 突扩体面板等效应力云图

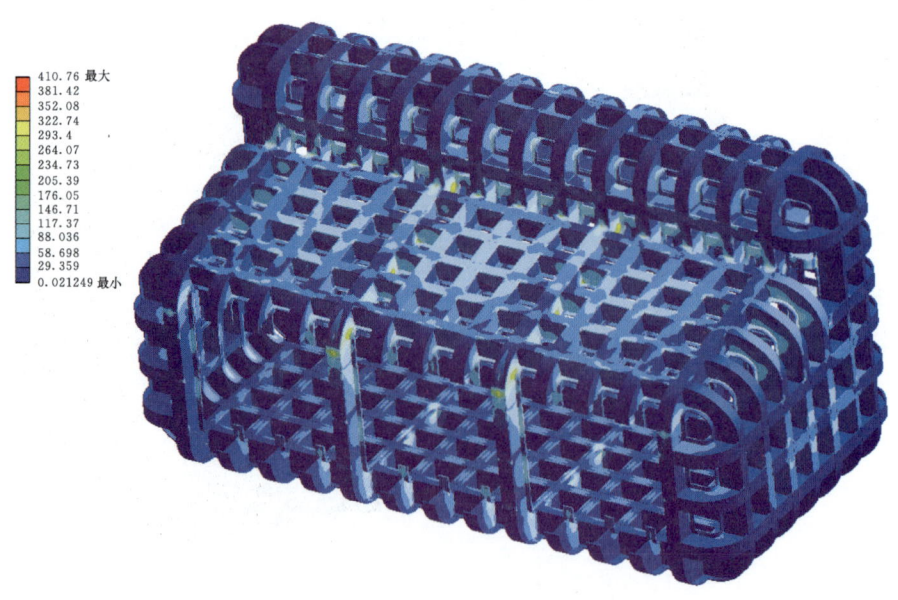

图 4.27 规则梁结构等效应力云图

图 4.28　外梁凹进结构等效应力云图

150MPa。关键点 B 处出现较大的局部细小应力集中，原因是该点下部有固定约束，且该点处于主梁弯曲部位，附近的应力值较大（200MPa 左右），但应力极值区域很小，故该处不会被破坏。因此突扩体结构不会被内水压力破坏，是安全的。突扩体的变形很小，在试验水头下，总体最大变形不到 7mm，该变形不会对突扩体的功能产生影响。

极值应力产生的原因主要有两个：①结构存在应力集中现象；②有限元网格出现了畸变。根据圣维南原理，这些极值应力并不影响构件的整体受力状态，另外，塑性材料受荷载后的局部细小应力集中会因结构产生局部塑性变形而大大缓解，而且集中应力区域很小，其附近的应力值较低，故局部细小应力集中对结构强度几乎没有影响。

另外外梁系的峰值应力出现在钢板 T 形连接处，该处几何突变会出现应力集中，实际结构有焊缝打磨光滑过渡，可避免峰值应力。

综上所述，突扩体结构强度满足要求。

突扩体结构在升船机输水系统上的运用属于首次，与岔管方案相比，能够有效改善阀后流态，减少阀体振动，让阀体的过流能力得以充分发挥。采用突扩体后，流量调节阀振动大幅度减小，箱体内水流平顺，流量阀几乎没有空化，突扩体平稳基本没有振动。

4.4.4　泄水控制阀及掺气系统

（1）泄水控制阀。在下游阀室布置了三台泄水阀门，三台阀门平行布置，中间为主泄水阀门，两侧为辅助泄水阀门。阀门的主要作用是通过控制水流进而控制升船机的运行特性，对其控制要求是快速、顺畅、高精度地控制通过阀门的水流。泄水阀布置见图 4.30。

(a) 突扩体上游面测点

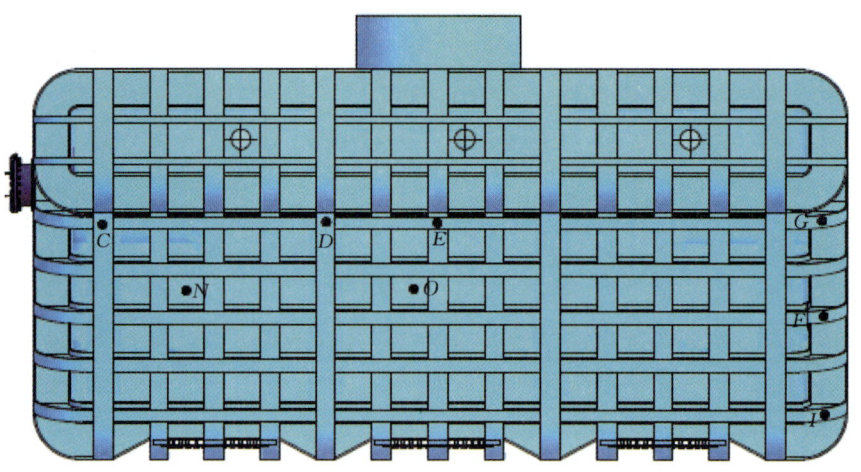

(b) 突扩体顶部测点

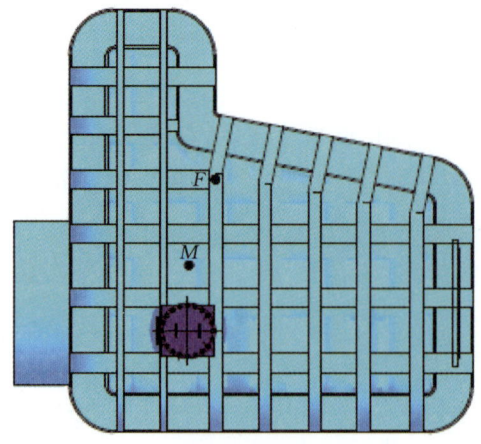

(c) 突扩体侧面测点

图 4.29 关键点位置示意

4.4 充泄水系统

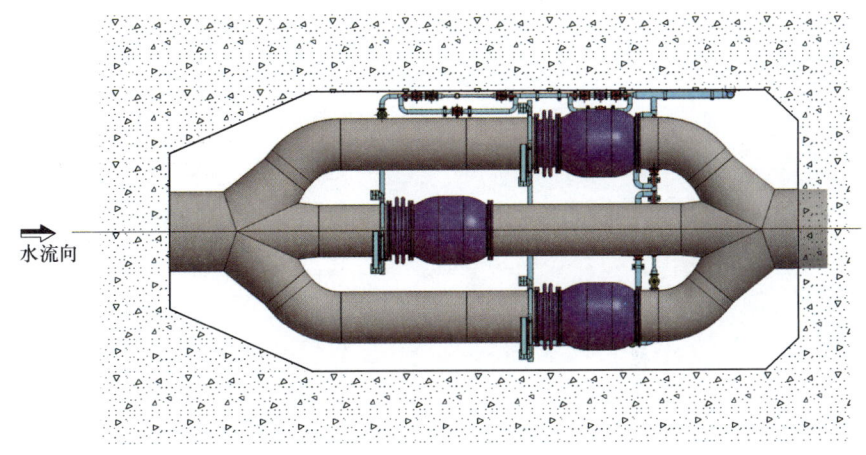

图 4.30 泄水阀布置

根据升船机运行所需流量，主泄水管管径为 2.5m，在泄水阀前分成三根管径为 1.6m 的支管，分别与三台泄水阀门连接。泄水阀门主要技术参数见表 4.5。

表 4.5　　　　　　　　　　泄水阀门主要技术参数

项　　目	技　术　参　数
主泄水阀门型号	PIKO SZ30％～20％
辅助泄水阀门型号	PIKO SZ25％
流量（主泄水阀）	0～58500m³/h
流量（辅助泄水阀）	0～14300m³/h
电机功率	4kW/台

（2）掺气系统。为消除泄水阀运行过程中的振动、空化等现象，泄水阀需进行必要的掺气。泄水阀掺气系统主要由空压机、过滤器、储气罐、球阀及单向阀等设备组成（图 4.31）。由于下游阀室空间位置限制，掺气系统的主要设备均放置于底高程为 553.00m 的空压机房内。

泄水阀掺气系统主要设备的技术参数见表 4.6～表 4.8。

在泄水阀前输水管上掺气位置焊接一圆环，圆环外壁均布开制 4 孔，与通气支管连接。圆环内腔输水管上均布开制 60 孔，以使气体能较均匀地掺入输水管内的水体中。气体经通气管输送到 3 台充水阀前掺气位置，再分别分成 4 根支管通入圆环内，最后经输水管上的 60 个小孔均匀地掺入水体中。主泄水阀为一条独立气路，两个辅助泄水阀为一条独立气路，两条独立气路可分别进行操作控制，以便根据主泄水阀、辅助泄水阀各自的掺气要求进行适当掺气（图 4.32）。

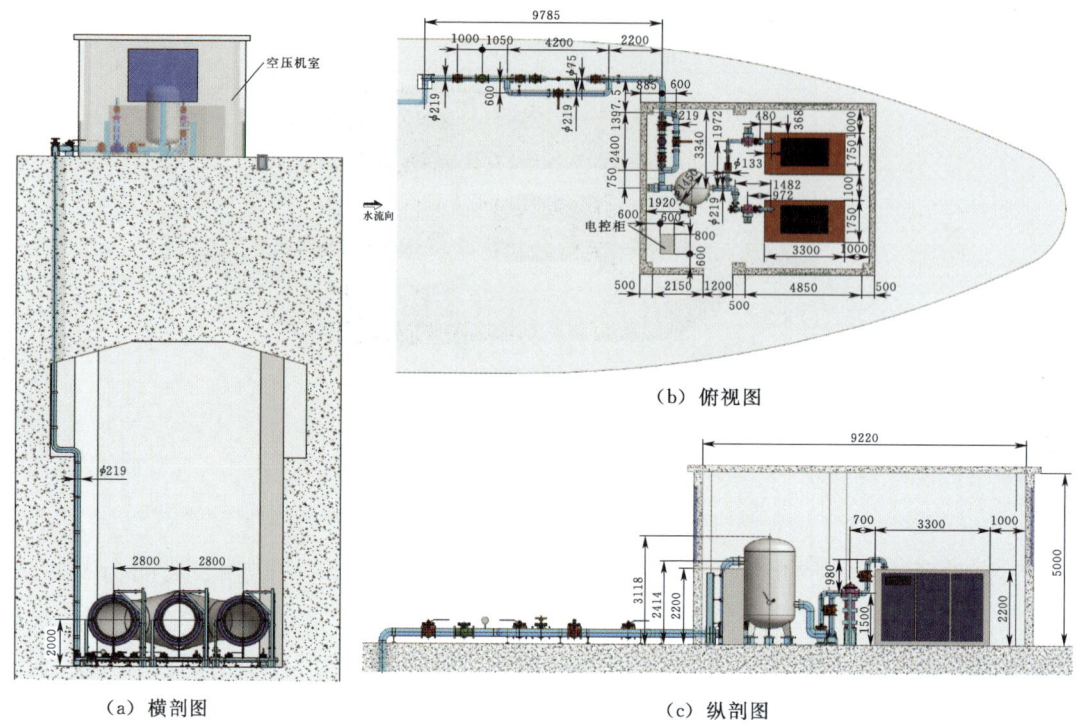

图 4.31 泄水阀掺气系统（单位：mm）

表 4.6　空压机设备技术参数

项　目	技　术　要　求
名称	风冷螺杆式中压空压机
单机额定排气量	≥29.0m^3/min
额定排气压力	≥0.75MPa
单机排 0.75MPa 气的气量（现场条件下）	≥3.1m^3/min
噪声	距空压机 1m 处不大于 85dB
电机电压	AC 380V
电机频率	变频
电机相数	3 相
电机防护等级	不低于 IP54

表 4.7　空压机出口过滤器技术参数

项　目	技术要求
名称	中压过滤器
流量	≥58.0m^3/min
额定压力	≥1.0MPa
精度等级	≤1.0μm

表 4.8　储气罐技术参数

项　目	技术要求
名称	立式中压储气罐
额定容积	4.0m^3
工作压力	1.0MPa
高度	<4.0m

4.5 输水系统出口及设备布置

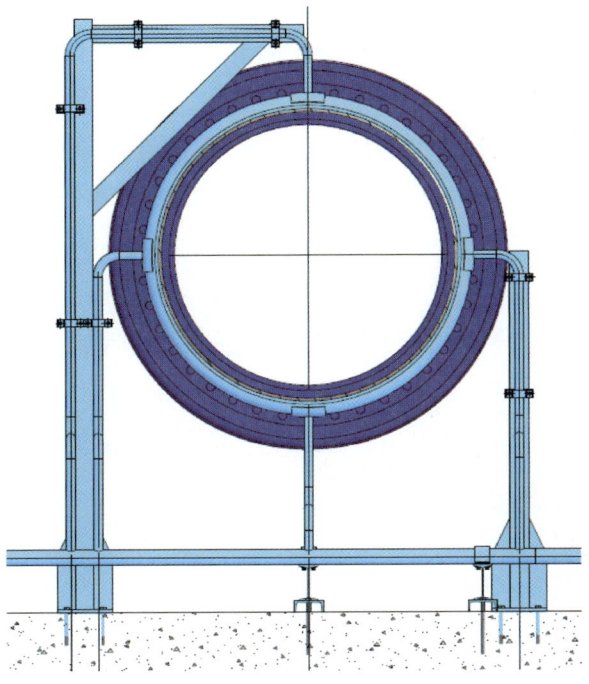

图 4.32 泄水阀掺气位置

4.5 输水系统出口及设备布置

4.5.1 出水口布置

在下游出水口设有平面快速事故闸门供检修输水管道和泄水阀门时使用,当泄水阀出现事故时可快速关闭闸门迅速切断水流,以保护升船机安全。

根据升船机的总体布置、船型尺度及过坝能力等设计参数,确定出水口输水管管口中心高程为533.05m,出水管管径为2.5m。

4.5.2 出水口设备布置

在升船机泄水阀门后布置了1孔1扇平面快速事故闸门,孔口尺寸为2.5m×2.5m(宽×高),见图4.33。闸门设计成双向止水。在下游阀室检修时,闸门挡下游水;在升船机停机,阀门出现泄漏时,闸门挡上游水。闸门设计成双向止水。挡上游水时,设计水头为58.70m;挡下游水时,设计水头为32.20m。事故闸门门体梁系为实腹式同层布置,门叶面板及止水布置在上游,利用加重快速闭门,全水头动水快速关闭闸门。在挡上游水时事故闸门主支承为滚动定轮,在挡下游水时主支承为滑道。闸门单节整体制造,闸门门体设1

第 4 章 水力系统 HydroBIM 设计

个吊点，通过拉杆与启闭机连接。事故闸门采用 QPKY800kN 液压启闭机操作，动水关闭、静水开启，小开度提门充水平压。

事故闸门平时悬在孔口门楣上方 0.5m 处。当泄水阀门发生事故需要关闭闸门时，能在 26s 内动水快速关闭，以保护升船机安全。该液压启闭机为单缸液压启闭机，采用一泵一机的设置方案，泵站布置在高程 565.00m 启闭机室内的基座上。油缸安装于门槽上方机架上，机架底座安装高程 553.00m。事故闸门及液压启闭机的工作状态可在升船机集中控制中心显示。当泄水阀门发生事故时，液压启闭机接收由控制中心发来的信号后快速关闭事故闸门，闸门结构见图 4.34。

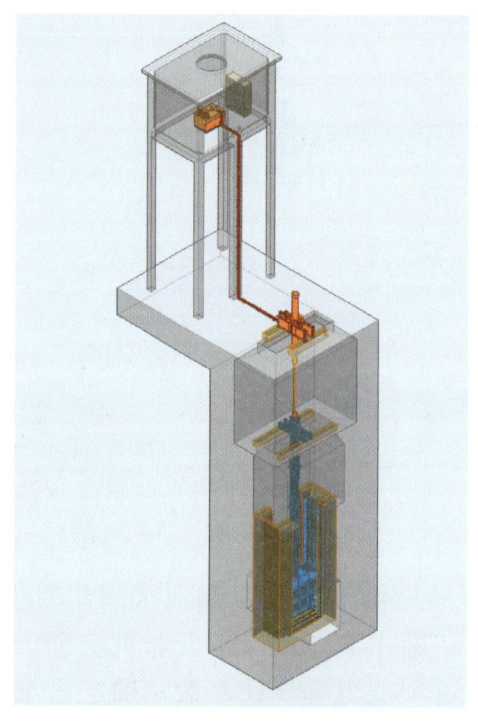

图 4.33　出水口设备布置

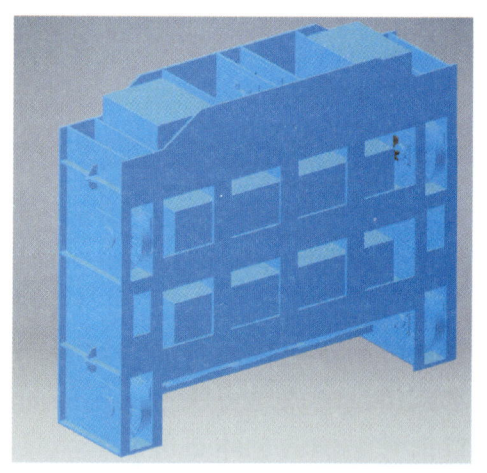

图 4.34　出水口快速事故闸门

第 5 章

机械系统 HydroBIM 设计

5.1 机械系统的功能

机械系统是升船机的核心系统,其功能也是升船机的本职功能,即通过承船厢上下升降将船舶湿运过坝。

5.2 机械系统的组成

机械系统包括:承船厢总成、卷筒及同步系统、浮筒及动滑轮装置、钢丝绳组件等(图5.1)。

承船厢装设在由上、下闸首及塔楼构成的承船厢室内,由64根钢丝绳悬吊,沿设在塔柱上的4条夹紧轨道升降运行。承船厢是船只过坝的载运容器,承船厢是盛水结构和承载结构为一体的焊接钢结构。

卷筒及同步系统设置于高程614.00m的主机房平台,在平面上对称布置,其中心线与承船厢中心线重合。

浮筒及动滑轮装置装设在塔楼承船厢室两侧的竖井内,由64根钢丝绳悬吊,沿竖井内壁升降运行。浮筒既是升船机的平衡重,又是升船机的驱动装置,这也是水力式升船机不同于其他类型升船机的特别之处。

钢丝绳一端通过调节装置连接承船

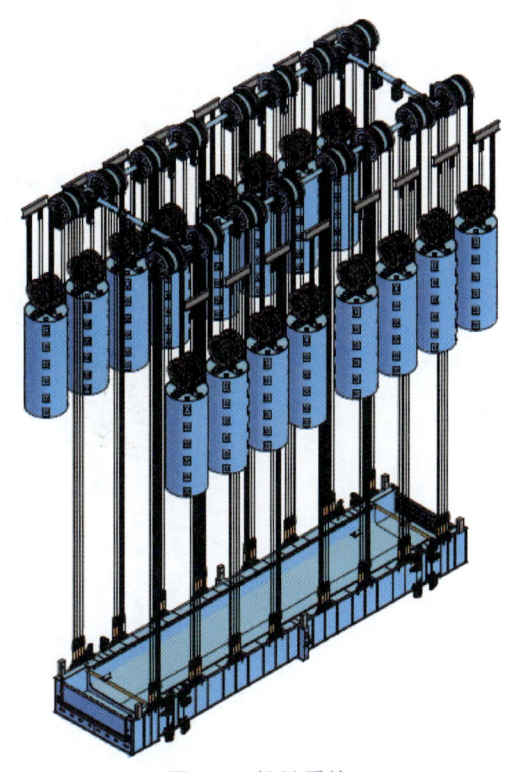

图 5.1 机械系统

厢，另一端绕过卷筒及浮筒顶部的动滑轮后，与设在机房平面的调节装置连接。

5.3 承船厢总成

承船厢的主要功能是能承载 300t（远期 500t）的通航船舶，承船厢内载有 67.4m×12m×2.5m（长×宽×深）的封闭水体，形成湿运条件。当船只进出承船厢时能分别与上、下游水域连通，形成航行通道。承船厢在升降运行过程应平稳可靠；两端承船厢门开启关闭应操作方便、灵活可靠，打开时不影响通航船只进出；对接时应有可靠的防止承船厢水体泄漏措施，对接装置应密封严密且便于操作。

5.3.1 总体布置及构造

承船厢为钢质槽形薄壁结构，两端分别设一扇平面卧倒闸门，厢体结构包括主体结构和附属结构。承船厢设备包括各种功能的机械设备、电气控制和检测设备等（图 5.2）。

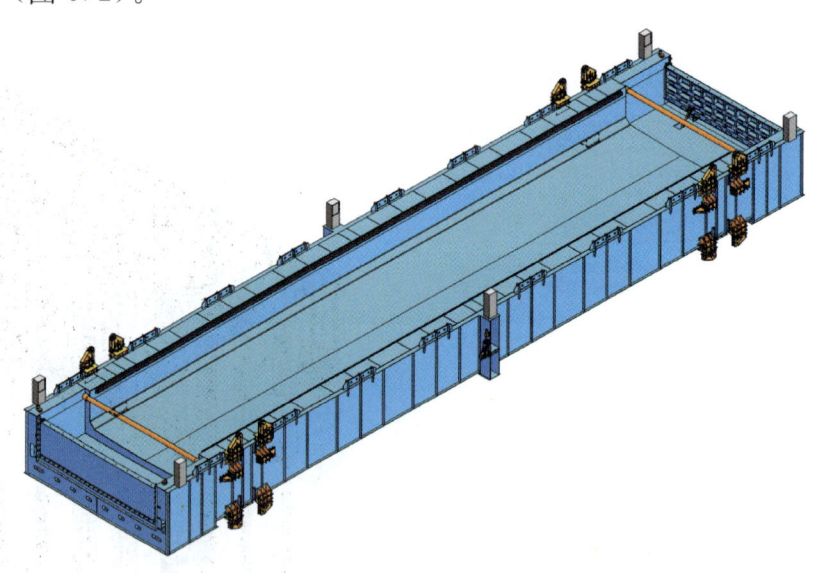

图 5.2 承船厢总成

在承船厢两侧顶部平台上设有对外交通通道，一旦发生事故，船上人员可从通道疏散到塔柱廊道并通过楼梯撤离。承船厢两侧甲板上设置系揽桩，系揽桩单侧设置 5 组，间距 13m 左右，两侧对称布置。承船厢两端设有平面卧倒闸门，承船厢上游端设有充压密封装置。承船厢上的夹紧装置、顶紧装置、导向轮、密封装置等设备安装在相应的机架上，机架与承船厢结构连接为整体。

承船厢设备由 4 套夹紧机构、2 套顶紧机构、2 套承船厢防撞装置、64 只钢丝绳调平油缸、4 套液压系统、2 套承船厢门液压启闭机、4 套承船厢门锁锭装置等设备组成。4 套夹紧机构对称布置在承船厢两侧，距承船厢横向中心线 25.6m，每套由 2 只相对布置的夹紧油缸组成。2 套顶紧机构对称布置在承船厢中部外侧，由竖向布置的液压缸通过楔形块驱动顶紧块做水平运动。2 套承船厢防撞装置分别布置在承船厢两端，用于防止船只进入承船厢时撞在承船厢门上。64 只调平油缸一端与机械调平装置连接，另一端与承船厢吊耳板连接，分 16 组装设在承船厢走道板的上部。夹紧机构、顶紧机构、调平油缸等设备由 4 套液压控制系统操作，液压控制系统由设在承船厢中部机舱内的液压泵站、机旁控制阀组及管路系统等组成，各液压设备的控制阀组就近布置在机舱内或主纵梁内。图 5.3 为承船厢实景。

图 5.3　承船厢实景

5.3.2　承船厢框架结构及承船厢门

承船厢结构主要由单腹板主纵梁、底铺板、次纵梁、单腹板横梁、小纵梁、厢头平面卧倒闸门、设备室结构、设备支承结构等构件组成（图 5.4）。横梁上的侧铺板与底铺板及承船厢门构成承船厢的盛水结构。承船厢主纵梁采用单腹板结构，可有效减小承船厢在出入水过程中的浮托力和下吸力。主横梁设计时采用不等截面型式，主横梁的中部比两端稍低，主横梁在水平方向成 V 形，使承船厢出入水过程中逐步改变承船厢出入水时所受的浮力和下吸力，减缓承船厢出入水过程中的受力变化，增加升船机运行的平稳性。主横梁两端比中间位置高20cm，也即承船厢凹槽的中部水深比两侧水深深20cm。中间位置水深为2.7m，两侧水深2.5m。承船厢干舷高度为90cm。承船厢侧壁2.5m水深以上，工作平台100mm以下范围内采用橡胶护舷保护，以防止船舶侧向碰撞和挤压。

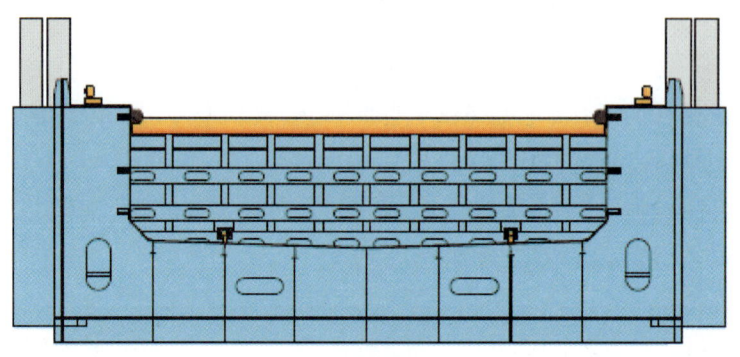

图5.4 承船厢横剖面图

承船厢的两端部设有平面卧倒闸门，闸门关闭时处于挡水状态，与承船厢结构体一起形成载水容器；闸门开启时平卧于承船厢底部，不影响船只进出承船厢。卧倒闸门采用液压启闭机操作，液压启闭机布置在承船厢内侧，油缸一端布置于承船厢底部铰点，另一端与闸门上的吊耳点连接。卧倒闸门由4套液压控制系统操作，各液压控制系统由液压泵站、控制阀组及管路系统等组成，各液压设备靠近卧倒闸门就近布置在机舱内。在承船厢内外水位差不大于10cm时，平面卧倒闸门由液压启闭机在静水中开启，以使承船厢内外水域连通，为船舶出入承船厢提供通道，见图5.5。

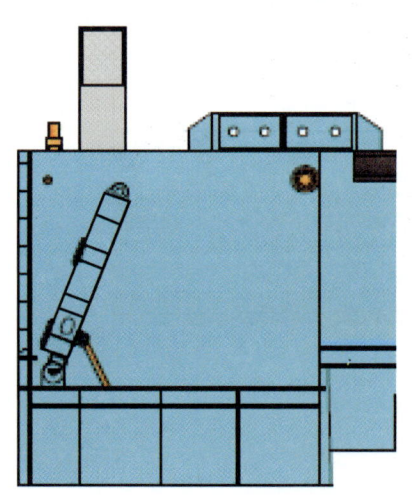

图5.5 卧倒闸门及防撞装置纵剖面图

在承船厢两端每扇承船厢门的内侧前方呈直线各布置防撞装置1套，用于阻挡失速的船只，避免船只撞损承船厢门而造成事故。防撞装置主要由防撞梁、钢丝绳组件、导向滑轮、缓冲油缸、油缸支座等设备组成。缓冲油缸及钢丝绳布置在承船厢两侧甲板走道的下方，缓冲油缸与调平油缸共用液压泵站系统。防撞装置处于拦阻状态时，钢丝绳张紧，防撞梁处于拦阻状态。防撞梁受到船只撞击后，缓冲油缸的压力升高，压力达到额定设计值100kN后，缓冲油缸保持此持住力，并向前伸出，缓冲行程为1.2m，此过程中将消耗船只的撞击动能。完成拦阻后，防撞梁将由缓冲油缸重新张紧。过船时，缓冲油缸活塞杆伸出，防撞梁下放到承船厢底部，不影响船只进出承船厢的通道。

当船舶进入承船厢后，先将防撞装置提升到位，再关闭平面卧倒闸门；当船舶开出承船厢前，先打开平面卧倒闸门，再将防撞装置下降到位。如此，可防止失速船只冲撞承船厢门造成事故。防撞装置起到保护承船厢门的作用，图5.6为正在开启的卧倒闸门实景。

图 5.6　正在开启的卧倒闸门实景

5.3.3　导向系统

为保证承船厢在整个行程中平稳无卡阻运行，共设置 4 套导向轮。导向轮与夹紧装置共用同一轨道，每套均具有纵向导向和横向导向功能。当升船机运行的时候，导向轮能使承船厢沿轨道运行。为保证升船机运行平稳，导向轮以一定压力压紧轨道，导向轮采用滚动轴承支承，以减小摩擦阻力（图 5.7）。

为保证升船机运行过程中承船厢不发生倾斜，承船厢上除导向轮外还另设置了导向系统。该导向系统的主要功能是增强升船机的抗纵向倾斜能力。当升船机由于事故原因，出现纵向倾斜时，能将承船厢的倾斜限制在一定范围内，防止承船厢出现倾覆事故。

导向系统由 4 套导向装置组成，分别设置于承船厢上下游的夹紧装置处，与夹紧装置共用同一轨道。每套导向装置由 4 个导轮装置组成（图 5.8），以夹紧轨道上下游对称布置。夹紧轨道一侧的两个导轮装置分为上导轮装置和下导轮装置。上导轮装置通过螺栓固定于承船厢甲板上方，下导轮装置通过螺栓固定于承船厢底板下方。上、下导轮装置与夹紧轨道的距离均可调节。

导轮装置采用了柔性导向结构，导轮装置由一个 ϕ600mm 的导轮、导轮架、转铰点、碟形弹簧组成。导轮支架固定在承船厢上。经计算，选用碟型

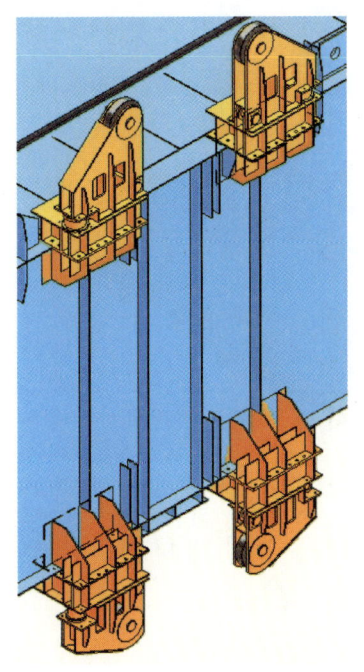

图 5.7　上、下导向装置

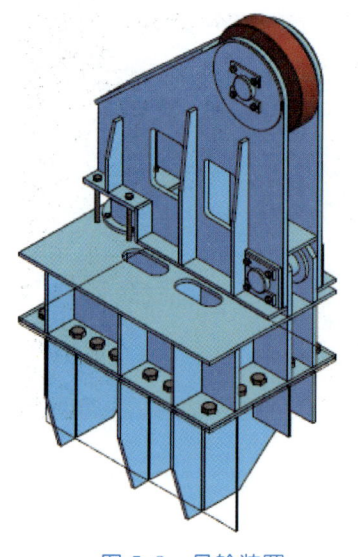

图 5.8 导轮装置

弹簧,并采用复合组合的组装型式。导向轨道无论按何种安装精度进行控制,都不可能没有安装误差。经分析,将导轮装置设置成弹性支承结构,通过弹性支承结构提高导轮装置对轨道安装精度的适应能力,并给导轮装置以一定的预压力,同时在导向装置上设置一限位块,控制导向装置的最大变形量,防止由于弹性装置失效而导致导轮装置失效。

根据承船厢最大允许倾斜量引起的倾斜荷载,计算出承船厢的倾覆力矩,按导轮装置所受荷载产生的抗倾覆力矩与之平衡,从而计算出导轮装置所受荷载。根据以上计算,每个导轮装置按承受 60t 荷载设计,并据此设计导向轨道。图 5.9 为上导向装置实景。

5.3.4 夹紧装置

夹紧装置的功能是当承船厢与上闸首工作闸门对接时,确保承船厢不至于因水面波动产生上下移动或摆动,影响对接密封效果及船只的通行。

夹紧装置共 4 套,对称布置在承船厢两侧,每套由导承体、油缸、导向键、支架等组成(图 5.10)。承船厢与上闸首对接需要夹紧时,通过液压系统推出夹头与塔柱上的夹紧轨道接触并夹紧,确保承船厢不发生上下移动或摆动。承船厢下行时,夹紧装置松开,承船厢再升降运行。

图 5.9 上导向装置实景

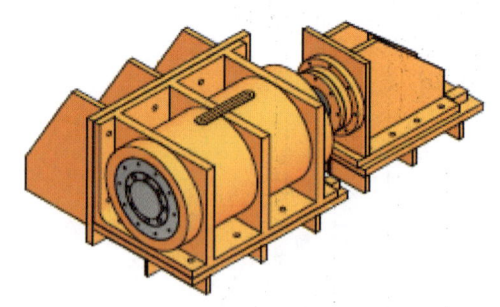

图 5.10 夹紧装置

夹紧装置端头装有摩擦块,摩擦块的材料选用高摩擦、高比压材料。摩擦系数大于 0.45。摩擦块可以沿任意方向在小角度内偏转,以适应导轨面的制造、安装误差。

夹紧装置的纵向距离为 51.2m。夹紧装置的夹紧力根据承船厢最大允许误载水深 0.2m 考虑，因此竖向摩擦力为 165t，安全系数为 2，单套竖向摩擦力为 82.5t。

夹紧装置油缸工作行程为 60mm、最大行程为 90mm，油缸工作压力不大于 20MPa。单缸压紧力为 920kN。同套夹紧装置液压油缸同名腔之间互相连通，以保证夹紧装置受力均匀，并在一定范围内可适应制造安装以及行程的误差。

当承船厢下水与下游水面对接时，夹紧装置不投入使用。

5.3.5 顶紧装置

顶紧装置的主要功能是当承船厢与上闸首工作门对接时，把密封装置的反推力和闸门间隙水压传递到塔柱上，系被动荷载。

顶紧装置共 2 套，顶紧装置布置于承船厢中部下游侧，对称布置，每侧各有 1 套。工作时，顶紧装置采用自锁楔形块的方式起顶紧作用，通过液压油缸驱动自锁楔形块沿楔形斜面上下运动以适应顶紧块与轨道面之间的间隙，顶紧承船厢（图 5.11）。

根据景洪水力式升船机的布置，承船厢采用下游入水式，只需在上游与工作大门对接。因此顶紧装置只布置在上游侧，下游侧未布置顶紧装置。

顶紧装置的设计荷载考虑密封装置充压腔反推力和承船厢卧倒闸门的水压力，设计时考虑所有荷载均作用在单边顶紧装置上的情况。承船厢卧倒门总水压力为 57.5t，密封装置反推力根据充压额定压力 0.3MPa 及密封头尺寸计算约为 39.6t，合计为 97.1t。设计时考虑所有荷载均作用在单边顶

图 5.11 顶紧装置

紧装置上的情况，单边顶紧荷载按 1000kN 考虑，共 2000kN。液压油缸单缸推力为 110kN，工作行程为 535mm。顶紧楔形块的斜度为 1∶8，楔形块与顶紧块之间的摩擦系数为 0.15，满足自锁要求。

5.3.6 充压密封装置

承船厢对接密封装置，是为了在承船厢与上游工作大门对接时，为承船厢与工作大门间的连通水域提供密封功能。

承船厢对接密封装置借鉴充压伸缩式止水装置的封水原理，结合升船机对接密封装置的使用工况研发而成。该对接密封装置采用"山"形水封作为充压水封，在"山"形水封的背面，利用充压水封元件和封水底座构成全封闭的充压空腔，充压空腔与充气系统连接（图 5.12）。

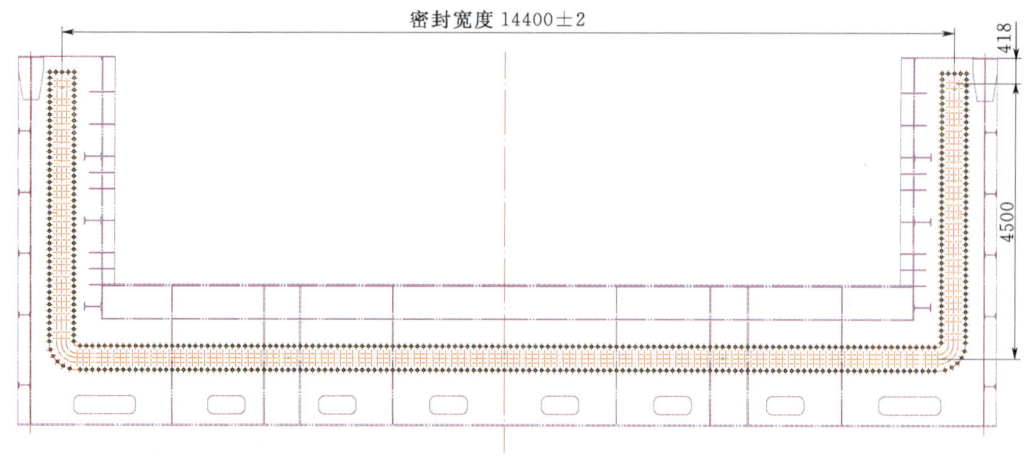

图 5.12　充压密封装置

止水元件的伸缩变形主要是由几何变形和少量弹性变形而获得。充压主止水布置在承船厢端部，充压水封端部设计带锯齿的形状，同时充压水封座和充压水封压板设计成与充压水封相匹配的断面。充压水封座与充压水封压板通过螺栓连接，紧密固定充压水封，为充压水封形成密闭腔。

当承船厢与上游挡水工作闸门对接时，充压腔内充气，封水元件伸出，充压密封装置投入使用，对接密封装置与工作大门贴紧形成完整的止水线及足够的挤压应力，实现升船机承船厢与工作大门的对接止水。当承船厢与上游挡水工作闸门解除对接时，对接密封装置充压腔泄压，止水元件回退，脱离与上游挡水工作闸门止水座板的接触，实现解除对接功能。

该对接密封装置的充压系统由空压机提供空气作为充压介质，通过阀组对充压介质进行相应的控制。

充压控制系统与承船厢升降系统互为闭锁，即升船机驱动系统操作承船厢运动时，充压控制系统无法充压，只能处于泄压状态。反之，充压控制系统在充压保压过程中，升船机驱动系统无法操作承船厢运行。升船机解除对接后，在启动承船厢运行前，必须将充压腔内的压力介质释放完毕，止水元件在止水橡皮弹力作用下回退而与上游挡水工作闸门面板间形成间隙后，方可启动承船厢。

充压密封装置与上闸首工作大门间的设计间隙为40mm，充压密封装置密封元件的设计伸出量为100mm，避免了对接密封时密封元件伸出量不够的问题，也避免了对接密封装置与工作大门之间的干涉

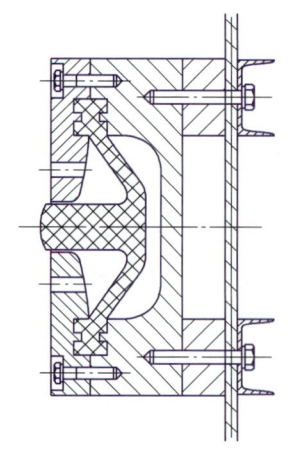

图 5.13　充压密封装置断面

问题，见图 5.13。

5.3.7 承船厢有限元分析

承船厢为钢质槽形薄壁结构，其结构、受力情况均很复杂且其属于升船机机械系统的重要设备，设计上通过 Inventor 三维建模后再采用 ANSYS 进行有限元计算分析。

1. 承船厢有限元分析前处理

（1）建立三维模型。建立的承船厢模型见图 5.14 和图 5.15。

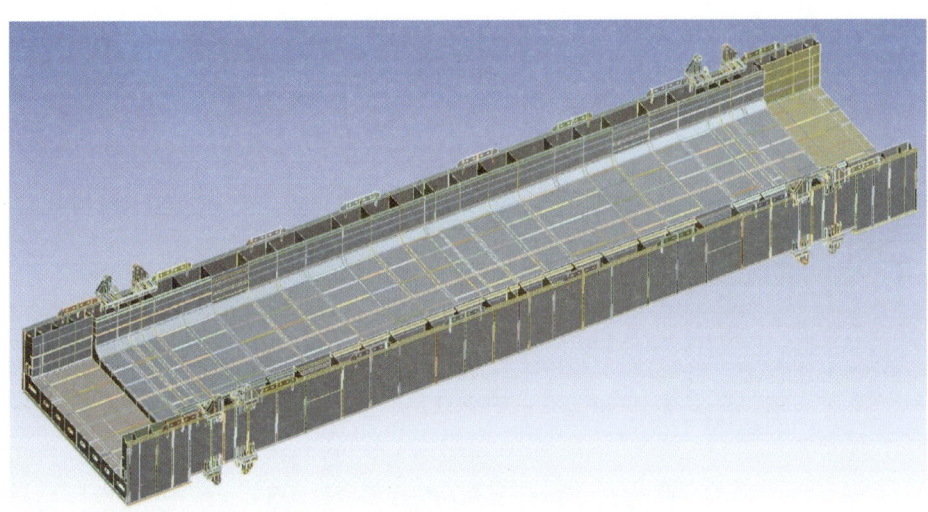

图 5.14 承船厢三维模型（正视图）

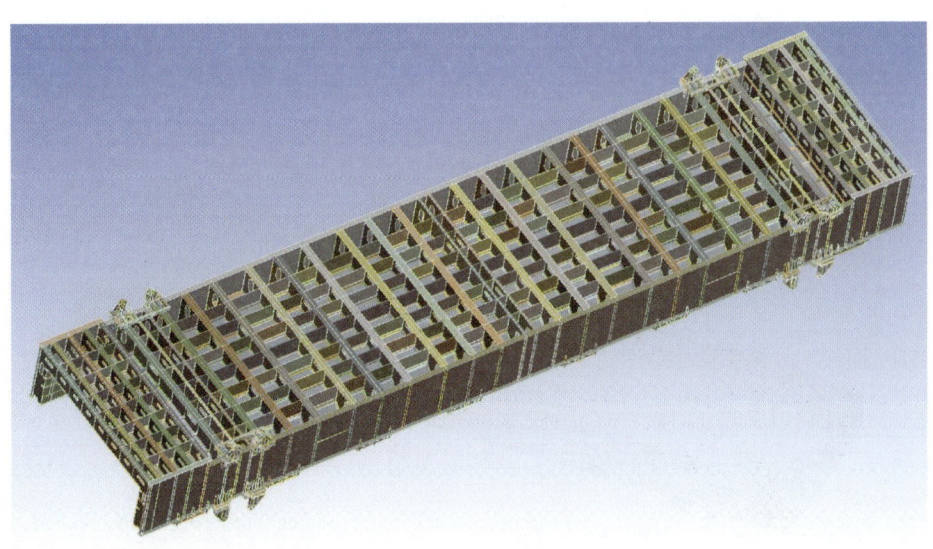

图 5.15 承船厢三维模型（后视图）

根据景洪升船机承船厢的初步设计，应用 Inventor 软件进行建模，并使用 Workbench 软件对结构进行静力有限元计算分析。按照实际分析需要，只对承船厢主要框架结构进行造型，省略了一些局部细节次要板梁。在不影响真实结构受力情况下为减少计算量，根据承船厢两端部卧倒门的铰接间距，使用 4 个集中载荷来代替卧倒门的重力影响。建模的坐标原点落在厢板对称中心处。

承船厢结构属于典型的板梁结构，板梁之间使用焊接连接固定，在有限元软件中使用 BONED 接触类型，自动检测并生成面与面之间的连接来模拟焊接作用（图 5.16）。

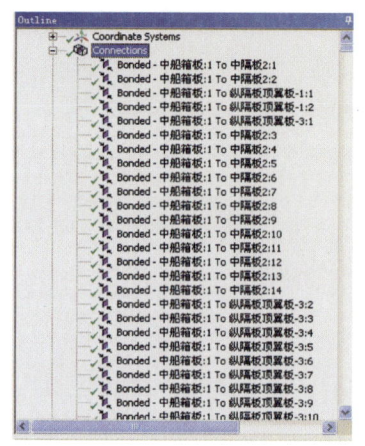

图 5.16　承船厢三维模型板梁接触设置

（2）网格划分。在网格划分时，除若干较关心的零件进行手动划分网格，其他次要零件使用程序自动划分网格。模型网格包括大部分六面体单元和小部分四面体单元，生成节点 1121102 个，单元 309780 个，网格模型见图 5.17。

（3）添加载荷及约束。根据实际工况，对模型进行加载荷和约束的工作是按照以下思路进行的：由于承船厢顶部有 16 个用绳索连接的吊点，承船厢处

图 5.17　承船厢单元划分网格模型

5.3 承船厢总成

于悬挂状态,部分空间自由度并未完全约束,因此采用另外做十字铰接部件来代替绳索的悬挂效果,允许吊点处可以自由做两个方向的旋转。关于载荷部分,施加了重力、承船厢厢内的水压力、承船厢两端部卧倒门的模拟重力、上下 8 对导向系统所受载荷(导向装置每个为 52.18t,导向轮为 5.16t),所加载荷见图 5.18~图 5.20。

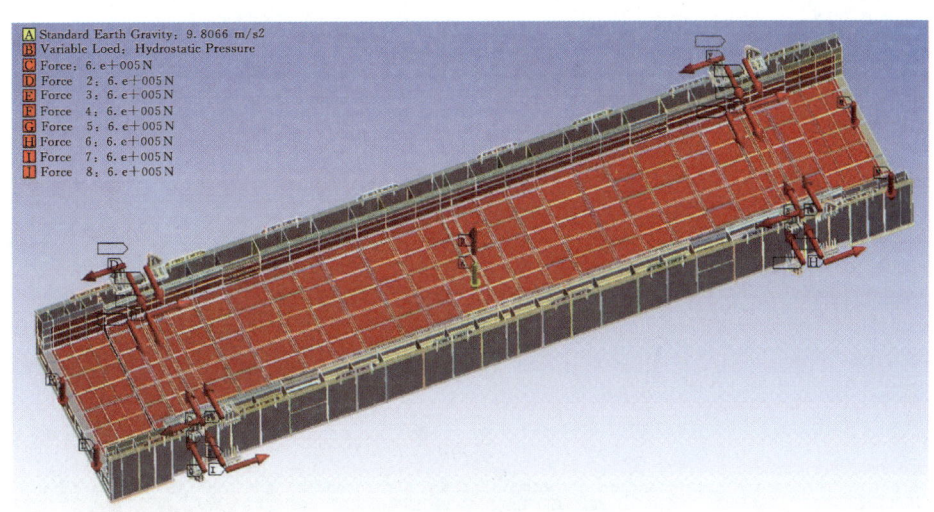

图 5.18 承船厢模型受力示意图

2. 承船厢有限元分析后处理

计算结果见图 5.21~图 5.37。

3. 承船厢有限元分析结果

由承船厢有限元计算结果可知以下几点:

(1) 由承船厢整体变形、应力分布、应变分布可知,结构整体应力基本处于 130MPa 以下安全范围内。结构整体变形发生在承船厢厢底部 10mm 的厢板上,从整体变形云图可以看出有明显的区格效应,最大形变量为 28.7mm,这个跟模型的简化有关系,但不影响整体结构的情况。

(2) 在上主导向结构的底部连接板的两端(上下游方向)存在应力集中现象,最大值约为 240MPa,通过增加底板厚度或者增加承船厢边主梁侧翼板筋板可以解决。另外,上导轮、下导向装置和下导轮受力情况比上导向装置好,这是由于下导向装置连接处有 4 块隔板,另外上导轮载荷比下导轮载荷小约 80kN。

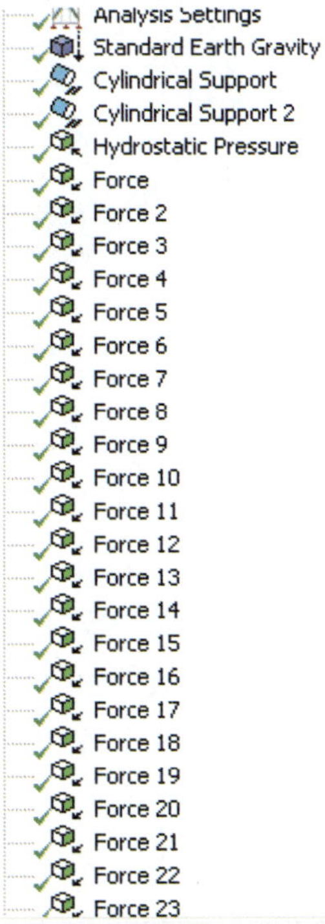

图 5.19 承船厢模型受力设置图

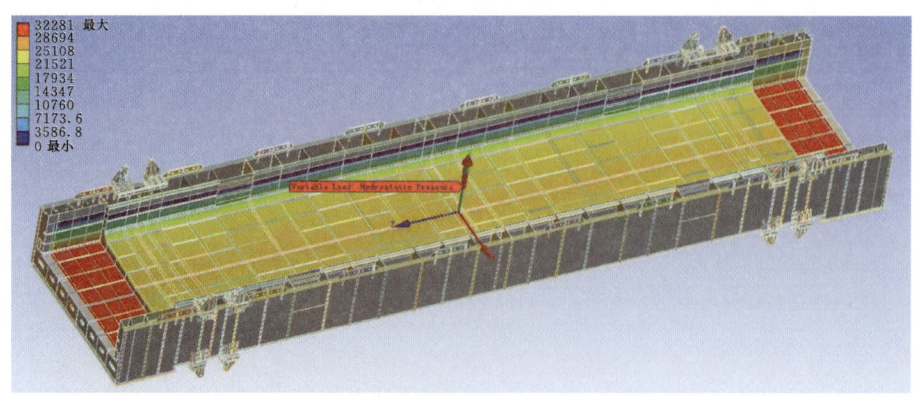

图 5.20　承船厢模型厢内水压力示意图

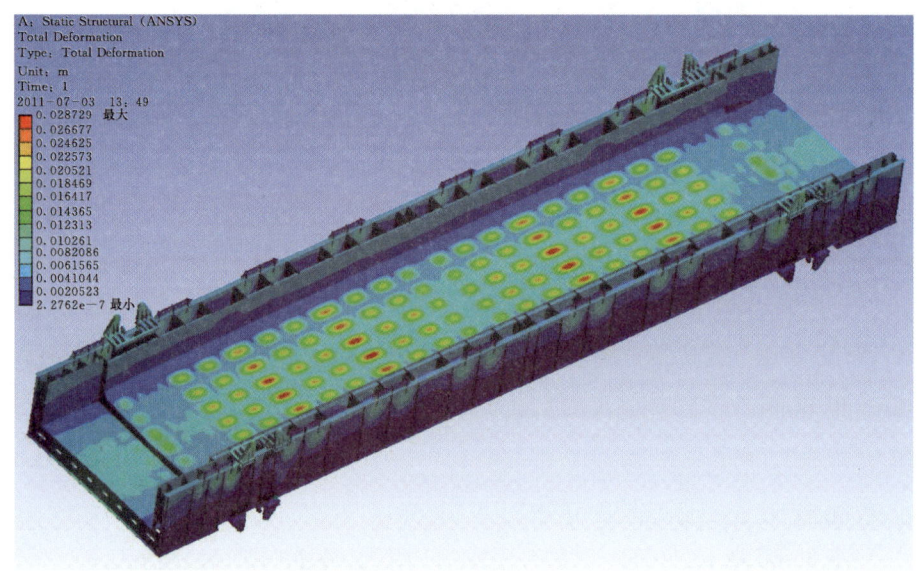

图 5.21　承船厢整体变形云图（正面）

(3) 导向装置顶部在荷载作用下产生约 10mm 位移，边主梁翼缘板由于承受导向装置底板压力与拉力产生约 6mm 位移。

(4) 由承船厢导向四隔板变形和应力分布单独云图可知，四套导向结构附近的承船厢隔板受力情况良好，应力基本小于 60MPa，变形量小于 10mm。

(5) 由承船厢边主梁变形和应力分布云图可知，主梁腹板总体受力情况良好，只是在导向结构部位的支撑筋板处局部应力达到 170MPa，最大变形量约为 8mm。

综上所述，承船厢结构强度、刚度满足要求，导向系统局部结构可通过增加筋板等措施来改善局部应力偏大现象。

5.3 承船厢总成

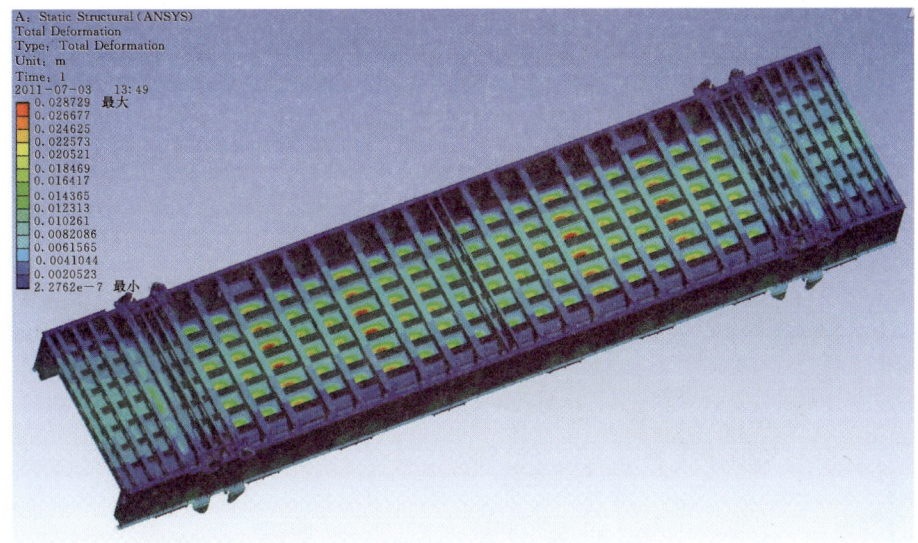

图 5.22 承船厢整体变形云图（背面）

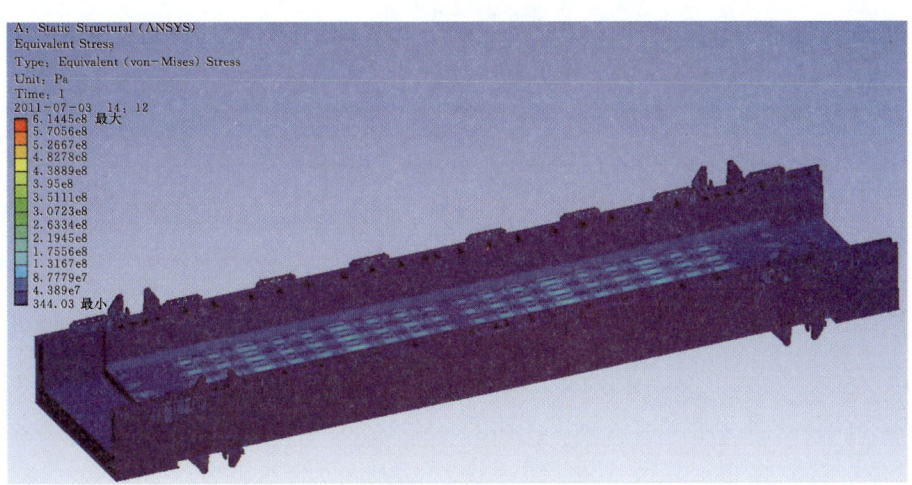

图 5.23 承船厢整体应力分布云图（正面）

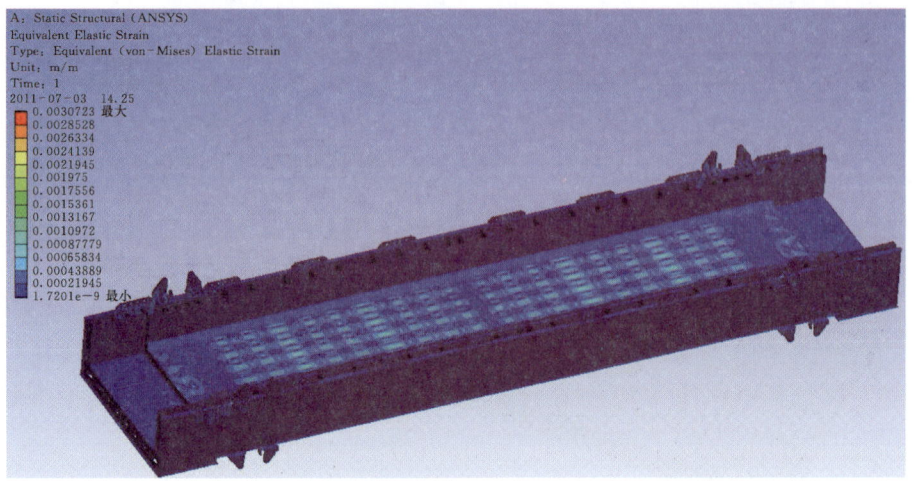

图 5.24　承船厢整体应变分布云图（正面）

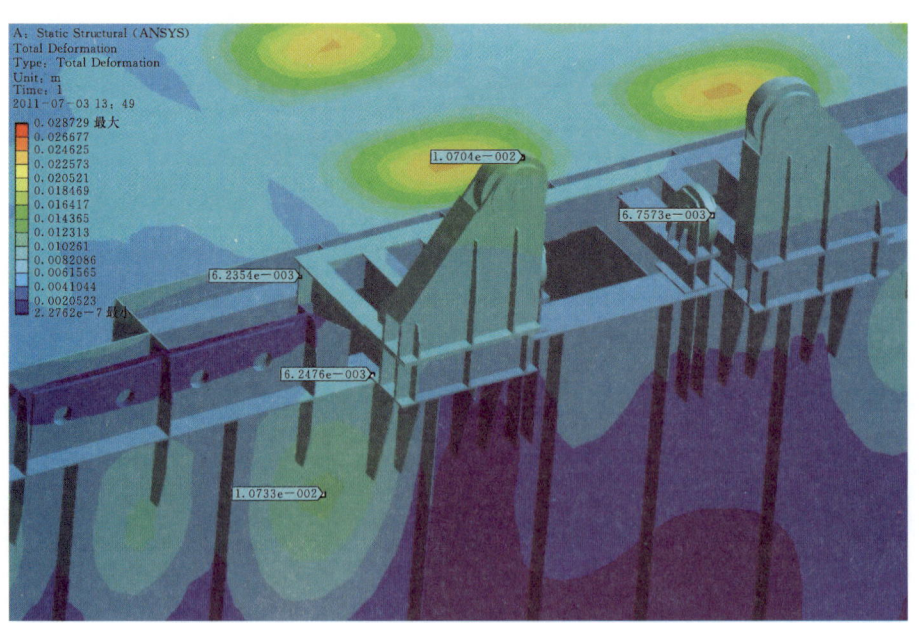

图 5.25　承船厢上导向局部变形云图

5.3 承船厢总成

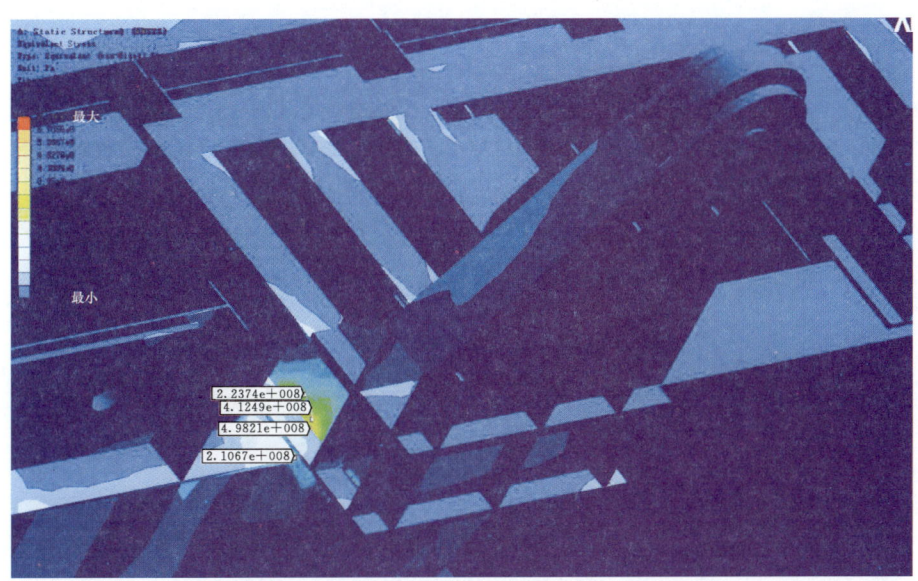

图 5.26　承船厢上导向局部应力分布云图（一）

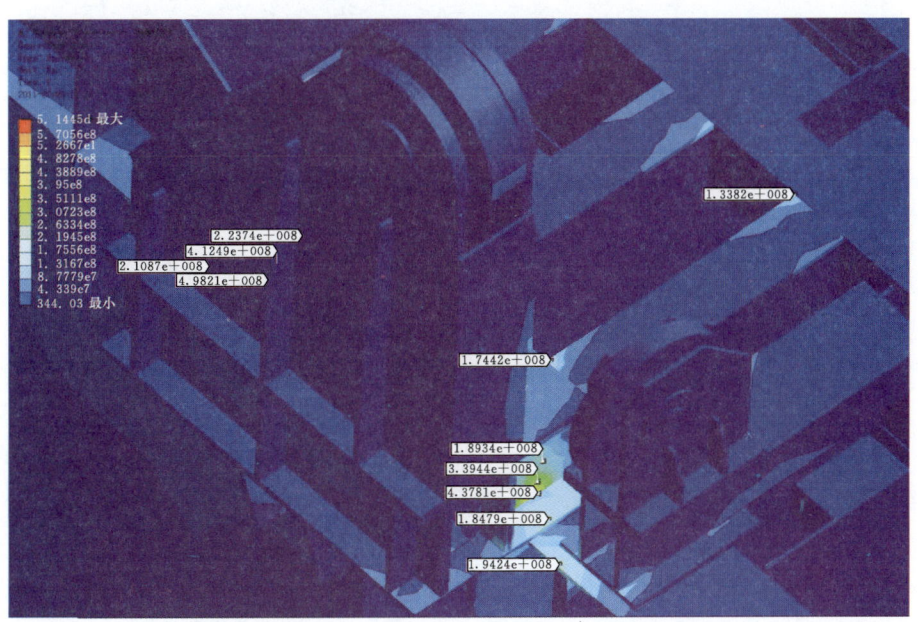

图 5.27　承船厢上导向局部应力分布云图（二）

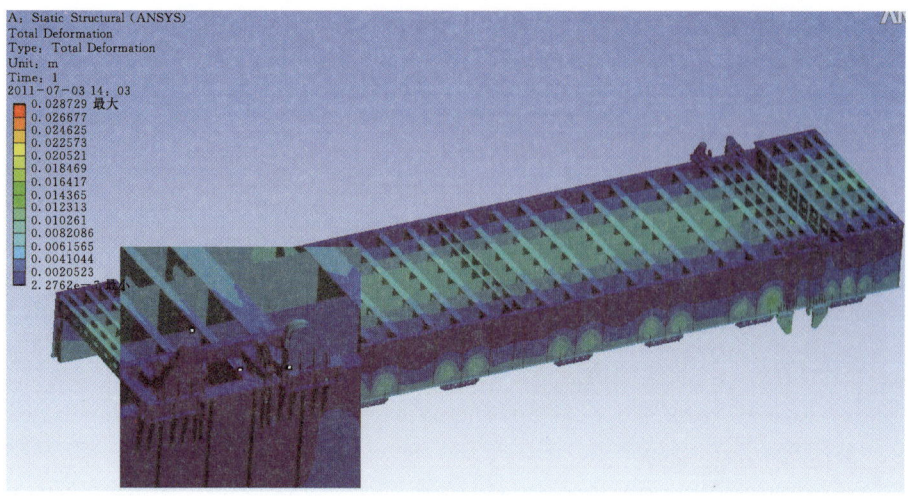

图 5.28 承船厢下导向局部应力分布云图

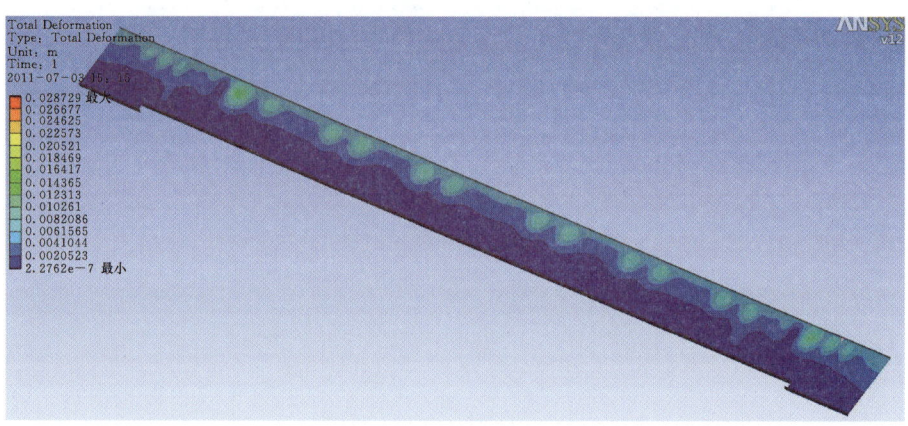

图 5.29 承船厢边主梁变形云图

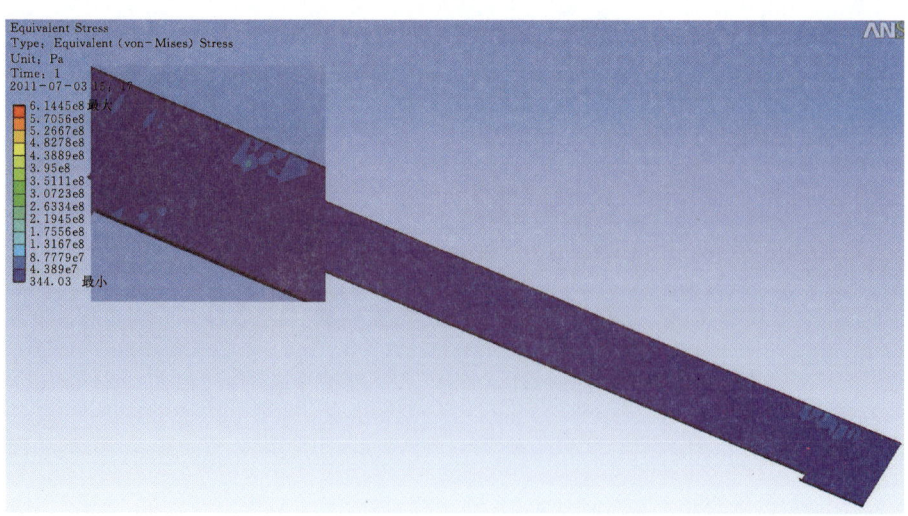

图 5.30 承船厢边主梁应力分布云图

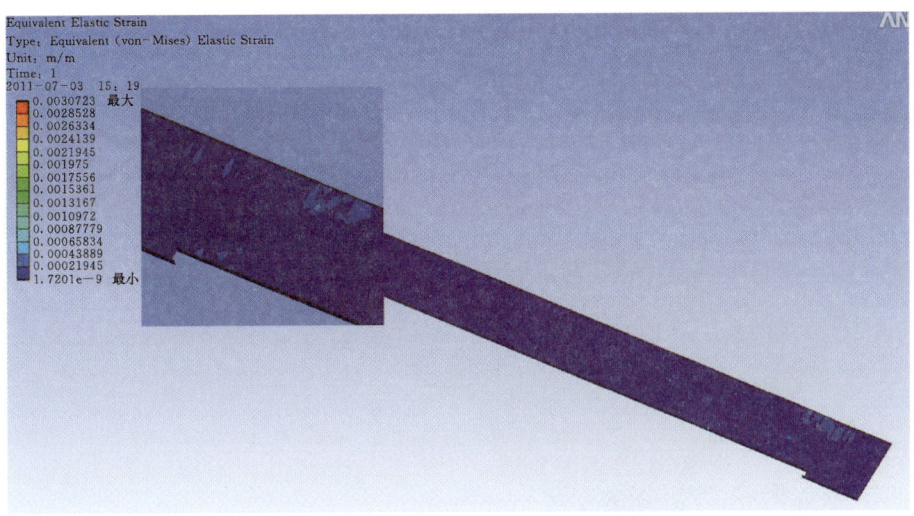

图 5.31　承船厢边主梁应变分布云图

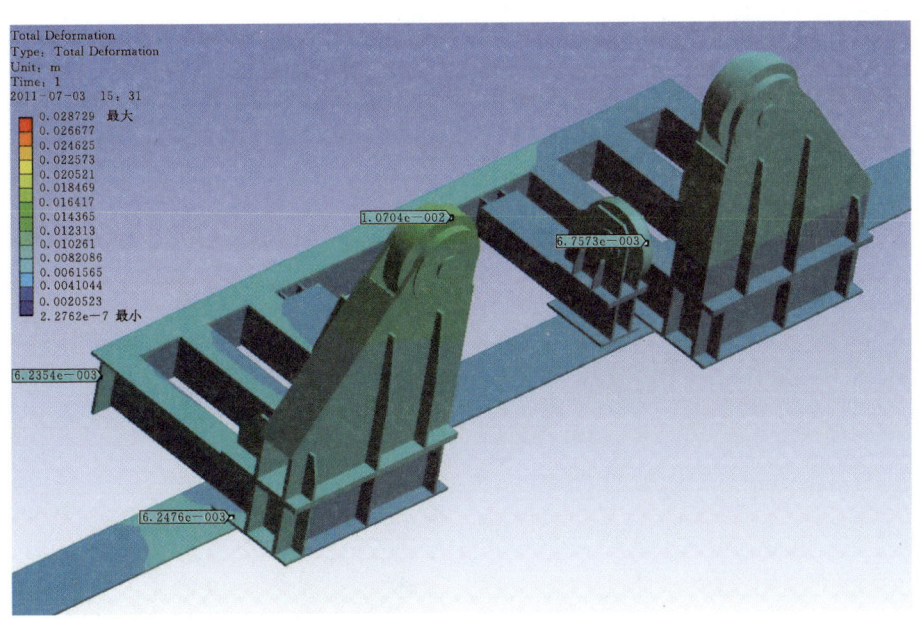

图 5.32　承船厢上导向变形云图

第 5 章　机械系统 HydroBIM 设计

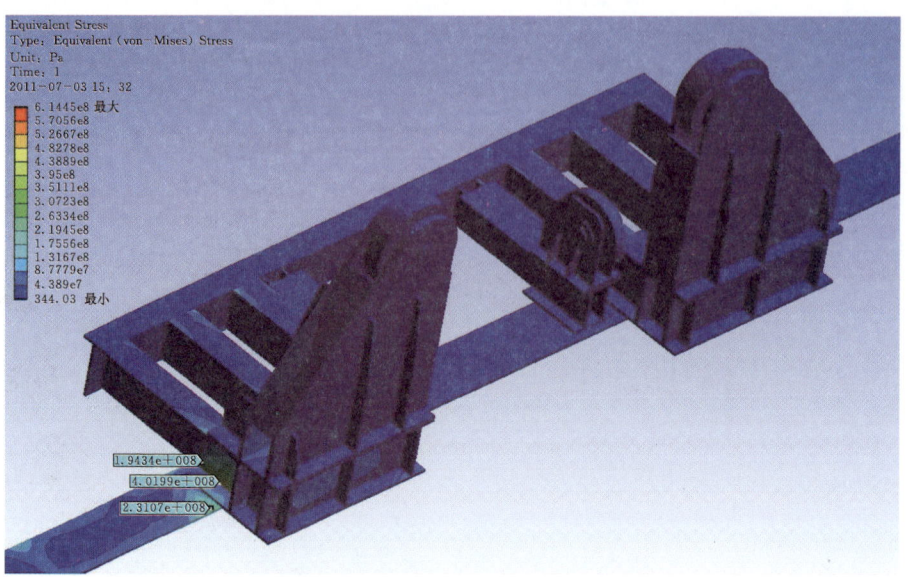

图 5.33　承船厢上导向应力分布云图

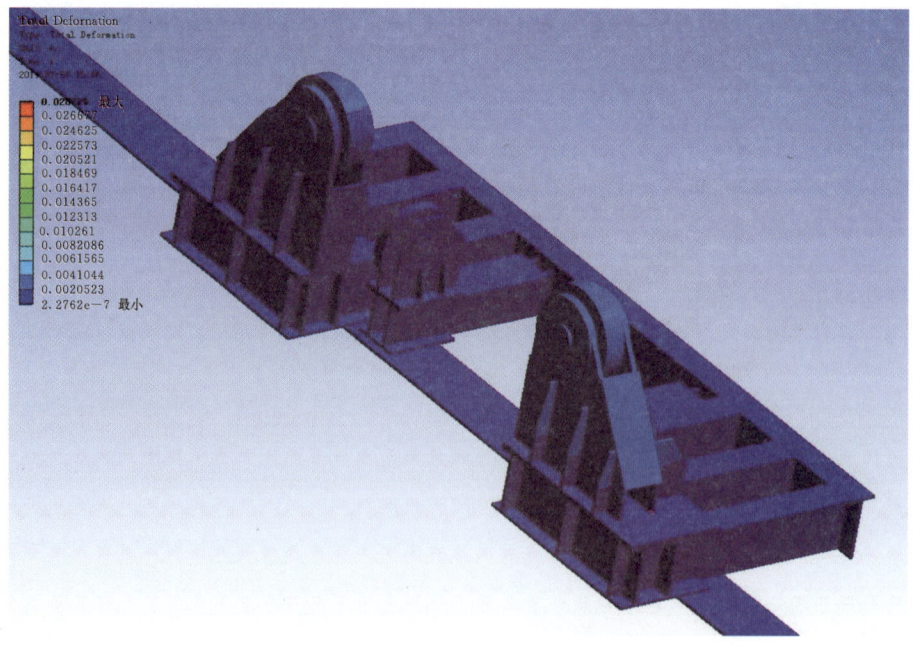

图 5.34　承船厢下导向变形云图

5.3 承船厢总成

图 5.35 承船厢下导向应力分布云图

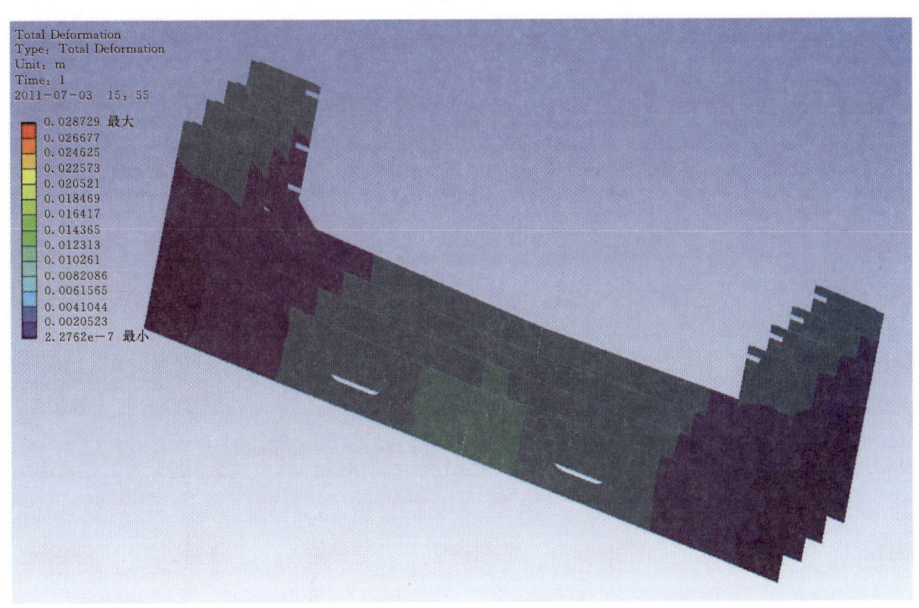

图 5.36 承船厢导向处四隔板变形单独云图

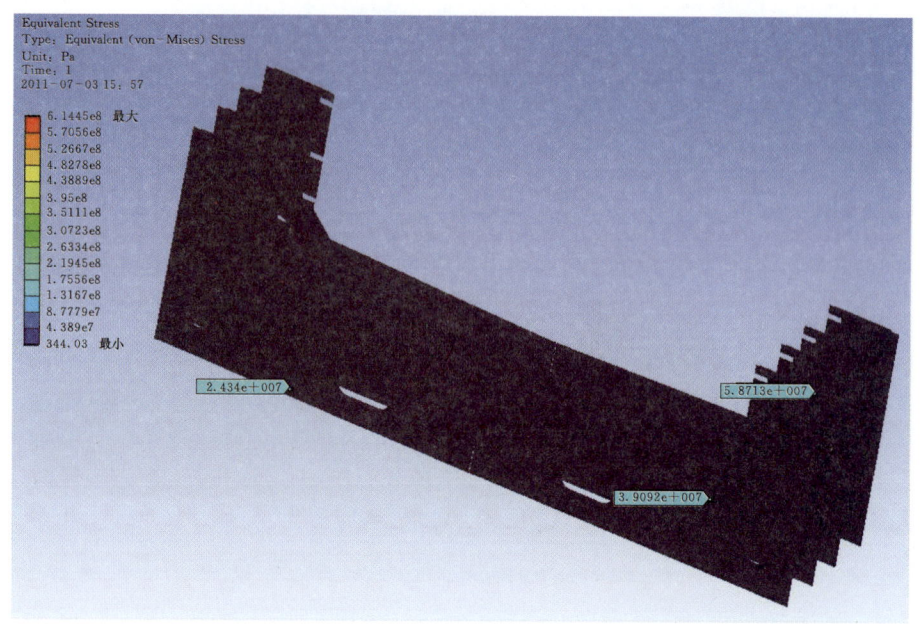

图 5.37　承船厢导向处四隔板应力分布单独云图

5.4　卷筒及同步系统

卷筒及同步系统的主要功能是实现连接承船厢及浮筒钢丝绳的换向以及保证各个吊点之间的同步运行，以免承船厢发生倾斜影响升船机安全稳定运行。

5.4.1　卷筒及同步系统设备布置

卷筒及同步系统由卷筒、同步轴、联轴器、锥齿轮箱等组成，沿卷筒轴线布置，在卷筒组的上下游两端通过锥齿轮箱转换，形成环形闭环同步系统。卷筒及同步系统由 16 个卷筒和 4 个锥齿轮箱以及卷筒间的同步轴等组成，在主机房内分 16 个吊点区对称布置。每套卷筒布置 3 个制动器，卷筒端面配制动盘。同侧的卷筒通过浮动同步轴及联轴器连接，两侧的卷筒通过锥齿轮箱转换后再经过浮动同步轴连接，见图 5.38。每只卷筒上绕过 4 根钢丝绳，共 64 根钢丝绳，钢丝绳的一端通过调平油缸与承船厢连接，另一端绕过动滑轮组后通过均衡油缸与固定均衡梁连接。钢丝绳绕过卷筒时，利用压板将钢丝绳固定在卷筒上，卷筒之间由同步轴连接。同侧同步轴直接支承在卷筒轴承座上，上、下游异侧同步轴轴段分别支承在 4 个机架及 2 个锥齿轮箱上，轴承座采用剖分式结构，每个轴承座设两个支点，采用双列向心球面滚子轴承，由集中润滑泵站供油润滑。图 5.39 为卷筒及同步系统实景，图 5.40 为锥齿轮箱及膜片联轴器实景。

图 5.38 卷筒及同步系统

图 5.39 卷筒及同步系统实景

5.4.2 卷筒装置

卷筒的主要功能是充当钢丝绳卷扬系统中的定滑轮作用，并能传递不平衡扭矩。基本要求是安全可靠传递浮筒与承船厢之间的相互运动关系，使各组卷筒之间同步运行，保证钢丝绳及卷筒组之间受力均衡，保证承船厢在运行过程中的水平，且能有效克服竖井及承船厢水面波动对升船机运行产生的影响，保证升船机安全平稳运行。

卷筒的尺寸主要由升船机布置的总体结构要求决定，保证钢丝绳能在承船

图 5.40　锥齿轮箱及膜片联轴器实景

厢与浮筒之间过渡连接。考虑结构需要，卷筒直径由浮筒中心到承船厢吊点中心距及浮筒上动滑轮的尺寸综合考虑确定，直径为 4250mm。卷筒的长度由钢丝绳的缠绕布置决定。卷筒上螺旋绳槽相应的钢丝绳缠绕方向成左右旋对称布置，钢丝绳单层缠绕，确定卷筒长度为 4.2m。卷筒采用钢板焊接，支承采用滚动轴承。图 5.41 为卷筒装置三维图，图 5.42 为卷筒装置实景。

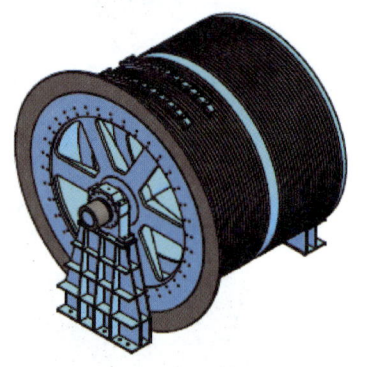

图 5.41　卷筒装置三维图

5.4.3　同步系统

同步系统的设计扭矩根据物理模型试验及数值仿真计算结果，考虑竖井间最大水位差和单个竖井可能出现的最大水位波动计算确定。根据试验及计算成果，单个竖井加连通管以后竖井之间平均水位差不大于 0.1m，单个竖井内最大水位波动小于 0.2m。设计同步轴的扭矩按照竖井水位差 1m 所产生的不平衡力矩并考虑 1.2 倍的安全系数计算，将 190kN·m 作为额定计算扭矩，同侧、异侧同步系统按额定计算扭矩的 1.2 倍对同步轴系统进行疲劳强度计算和刚度计算，额定动态扭矩为 228kN·m。在额定扭矩作用下，同步轴的扭转角应不大于 0.2(°)/m，疲劳强度安全系数应不小于 2.0。据此技术参数设计同步轴为 $\phi 800mm/\phi 680mm$ 的无缝钢管，静强度可达到 800kN·m，静强度安全系数为 4.2。为了实时监控升船机同步系统的扭矩，在升船机每段同步轴上均安装扭矩

5.4 卷筒及同步系统

图 5.42 卷筒装置实景

传感器，共设置 12 个扭矩检测点，以实现对同步轴扭矩的实时监控。

根据同步系统的功能以及水力式升船机的特点，同步系统应能实现无间隙传动。同步轴之间应选用无间隙传动的联轴器。依据同步系统的额定扭矩，选择膜片联轴器作为同步轴之间的连接件。整个同步系统共使用 44 个膜片联轴器，其中，膜片联轴器（1-JZMJ32）4 套，膜片联轴器（2-JZMJ32）24 套，膜片联轴器（3-JZMJ32）16 套。膜片联轴器与轴头之间的连接采用胀套加过渡套的方式，以尽量减少整个同步系统的传动间隙，见图 5.43。

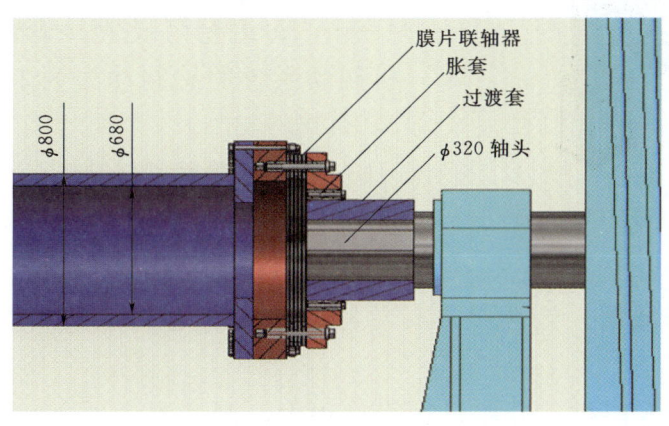

图 5.43 膜片联轴器与轴头连接

5.4.4 制动系统

(1) 制动系统布置在卷筒及同步系统所在的平面（高程614.00m），每套卷筒配一套制动器，每套制动器有三个制动头，为弹簧上闸液压松闸盘式制动器。制动系统的功能如下：

1) 升船机安装时配合安装调试使用。承船厢重量678t，单个浮筒结构重量（含动滑轮）110t，16个浮筒总重1760t，考虑到动滑轮因素，承船厢和浮筒之间无水情况下不平衡力为202t，钢丝绳在承船厢侧的自重最大荷载变化为91t，故最大不平衡力为293t，最大不平衡力矩为622.6t•m，单个卷筒制动器应提供38.91t•m的制动力矩才能保证两侧受力平衡。

2) 当升船机在上游对接时，对接过程中可能出现工作阀漏水引起竖井水位变化，以及对接期间上游水位变化、承船厢漏水等造成承船厢侧与浮筒侧出现受力不平衡，当受力不平衡超过夹紧装置夹紧力的时候将出现承船厢意外动作的事故，此时，制动器可保证承船厢侧和浮筒侧的受力平衡。在解除对接前，可先启动竖井水位预调整程序，然后松开制动器，保证升船机能安全地解除对接。

图5.44 制动器及卷筒装置

3) 当升船机运行过程中出现浮筒卡阻、承船厢卡阻等极小概率的极端事故工况时，制动器应提前上闸制动，为事故处理留有一定的反应时间，防止事故进一步扩大，见图5.44。

综合考虑升船机制动器的使用工况，制动器采用盘式制动器，设置于卷筒侧面，单套制动器的制动为90t，制动直径为4.8m，每组卷筒设置3套制动单元，升船机制动系统的总制动力为1440t，制动力矩为3456t•m。

制动器采用常闭式，液压松闸，弹簧上闸，松闸间隙为2mm。需要制动器工作时可立即投入工作。制动器上闸时间0.5s，松闸时间可适当减缓，约为2~3s，各组制动器之间上闸、松闸时间差应小于0.3s。

对于水力式升船机，升船机运行过程中，制动器意外上闸或部分制动器误动作都是较为严重的一类事故，都需要立即启动升船机紧急停机程序。

部分制动器误动作，会立即导致部分卷筒装置停止转动，相应同步轴扭矩增加，严重时甚至导致承船厢倾覆的事故。为防止部分制动器误动作、液压系统某个点泄漏或管道破裂后出现的部分制动器上闸问题，整个制动系统应由一套液压系统统一控制，升船机 16 个卷筒上的全部制动单元均由 1 套液压泵站控制，共设 2 台液压泵站互为备用（冷备）。16 套制动系统的液压管路全部连通，当某处液压管路出现破裂或泄漏后，所用制动器也将同时动作。为进一步防止个别制动器上闸的事故，在制动系统控制监控控制上，当检测到某个制动器的松闸间隙小于 1mm 时，其余制动器将立即全部上闸。制动器实景见图 5.45。

图 5.45　制动器实景

（2）制动器意外上闸的事故分析如下，均基于所有制动器同步上闸进行分析。

1）在承船厢上行、泄水阀门开启的运行过程中，全部制动器意外上闸，立即启动紧急停机程序（同时关闭泄水阀门和出口快速事故闸门）。此工况下即使出现浮筒脱空的工况，制动系统的制动力矩大于浮筒侧与承船厢侧的不平衡力矩，承船厢也不会出现滑移。

2）在承船厢下行、充水阀门开启的运行过程中，全部制动器意外上闸，立即启动紧急停机程序（同时关闭充水阀门和进口快速事故闸门）。此工况下制动系统制动力矩大于浮筒侧与承船厢侧的不平衡力矩，承船厢不会出现滑移。在紧急停机过程中，如果阀门出现卡阻或动力电源消失，仅关闭进口快速事故闸门的情况下，在某些工况条件下制动系统制动力矩小于浮筒侧与承船厢侧的不平衡力矩，承船厢会发生滑移，最大滑移量为 3.7m，承船厢在下游入水停止位置最大不超过正常停止位置 0.23m（承船厢干舷高度为 0.9m），不会出现水淹承船厢的问题。在承船厢滑移的过程中，如果由于制动器制动力不均匀，出现承船厢倾斜的现象，可通过承船厢导向系统限制承船厢的倾斜程度，防止出现承船厢倾覆的事故。

5.5 浮筒及动滑轮装置

浮筒的主要功能是驱动承船厢上下运行。浮筒在竖井中运行，浮筒的上下运行则是通过竖井水位的上升下降实现的。竖井水位下降时，浮筒浮力减小，浮筒侧的力大于承船厢侧的力，浮筒下行，带动承船厢上行；当竖井水位上升时，浮筒浮力增加，克服浮筒重量，使浮筒侧的力小于承船厢侧的力，浮筒上行，带动承船厢下行。当承船厢下游入水时，浮筒应能提供足够的浮力以克服承船厢入水带来的浮力，保证承船厢能下水与下游对接。根据浮筒在水力式升船机中的作用，浮筒的重量和尺寸是其最基本的参数。

（1）浮筒重量的确定原则。根据水力式升船机原理，升船机的运行是通过改变浮筒的浮力驱动承船厢的升降，因此浮筒的总重量应大于承船厢的总重量，其中浮筒的结构重量也应大于承船厢的结构重量。因此，设计中考虑浮筒结构重量应大于承船厢结构重量的 2 倍，浮筒的总重量应大于承船厢带水总重量的 2 倍。同时浮筒还要能克服系统的阻力，系统阻力包括摩擦阻力、惯性力、钢丝绳僵硬阻力等。浮筒重量的确定还应考虑两侧钢丝绳的长度不同产生的不平衡力。此外，为避免升船机运行过程中出现浮筒底部脱空现象，引起升船机运行不平稳，浮筒底部应保持有一定的最小淹没深度，保证浮筒在升船机运行过程中始终不会脱离水面。最小淹没深度的确定应充分考虑各个竖井之间的水位升降的最大不平衡高差并留有一定的安全裕度。浮筒及动滑轮装置三维模型见图 5.46。

（2）浮筒尺寸的确定原则。当承船厢下水时，通过对浮筒的淹没产生的浮力抵消了浮筒的重量，以平衡承

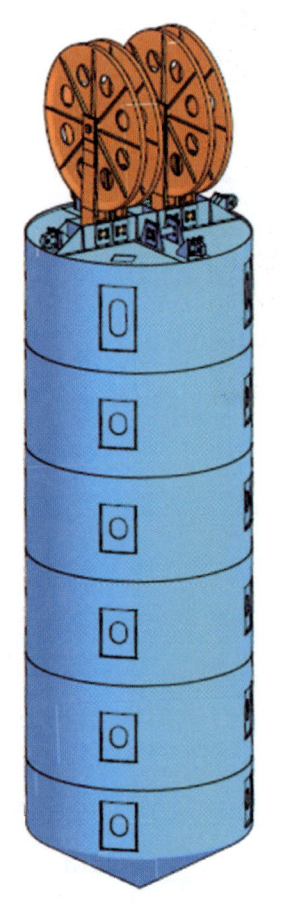

图 5.46 浮筒及动滑轮装置三维模型

船厢入水产生的浮力,保证承船厢能入水运行到 2.5m 的深度。因此浮筒应具有足够大的体积,保证能产生足够的浮力。浮筒的高度应大于淹没深度并留有安全裕度,保证浮筒即使在承船厢侧钢丝绳全部断裂,即承船厢侧没有任何荷载的情况下也不会出现完全淹没的情况。

根据以上原则确定浮筒的直径和高度,浮筒尺寸确定后,取浮筒直径为 6.2m,浮筒总高度为 19.49m。单套浮筒结构重量(含动滑轮装置)为 110t;浮筒内部充水,充水后单个浮筒总重(含动滑轮装置)为 418t。

5.5.1 总体布置

浮筒及动滑轮装置设置于升船机塔楼两侧的竖井内,可在其内随竖井水位上下升降。浮筒筒内装水,顶部布置动滑轮,钢丝绳从卷筒缠绕出来绕过动滑轮后,与设在机房平面的调节装置连接。

为方便安装检修及升船机在非工作情况下的锁定,浮筒及动滑轮装置应设置锁定装置。锁定工况为升船机安装、检修及升船机停用 3 种工况。此 3 种工况承船厢侧均可能处于无水空载情况。最不利工况为浮筒装满水体,承船厢侧无荷载,因此,锁定荷载为浮筒侧水体荷载加上浮筒及动滑轮装置结构重量。锁定采用电动可伸缩锁定装置,锁定梁布置在竖井检修平台,每组浮筒及动滑轮装置沿周边均匀对称布置 4 套锁定装置。锁定装置支承于检修平台上,浮筒筒体外侧相应设置凹形锁定槽。

图 5.47 浮筒锁定装置

锁定梁平时放置在检修平台上,需要锁定浮筒及动滑轮装置时,由电机驱动锁定轴插入锁定槽中以锁定浮筒及动滑轮装置(图 5.47)。

5.5.2 浮筒结构

筒体采用圆形结构,共 16 套,截面尺寸为 $\phi 6.2m$,浮筒筒体总高度为 18.9m。筒体由型钢构成承载框架,外面敷设 8mm 厚钢板,形成封闭筒形结构,以免其内的水体挥发(图 5.48)。

浮筒的底部充分考虑竖井充水对浮筒的冲击及浮筒底部气团积聚的影响,为保证浮筒平稳升降,同时制造安装方便,设计为 120°锥形结构。

浮筒顶部考虑与动滑轮的连接设置十字交叉的钢梁结构。为防止异物落到浮筒上后弹入浮筒与竖井之间的间隙内造成浮筒卡阻，浮筒顶部设有一防异物挡圈。为防止浮筒在竖井内升降过程中的旋转和倾斜，浮筒顶部设有导向轮及防旋转装置。

根据水力式升船机的特点，浮筒兼作平衡重，故浮筒的外形尺寸及重量在制造过程中均应严格控制。制造后浮筒结构应进行称重，结构重量误差不得大于浮筒计算重量的 5%，16 套浮筒之间的重量差应不大于 3%。

浮筒在现场安装完毕后应进行静平衡试验，静平衡试验分无水静平衡试验和有水静平衡试验，两种试验工况下浮筒吊起后在高度方向的倾斜不应超过 10mm。

5.5.3 动滑轮装置

浮筒顶部设置动滑轮组，考虑结构布置的需要，动滑轮的名义直径为 4.5m，每个浮筒上布置 4 个动滑轮。滑轮轴为不转动心轴，采用滚动轴承支承。轮轴两端与吊耳板连接，通过吊耳板与浮筒采用销轴连接。动滑轮采用铸焊结构，轮缘为铸钢，轮辐采用钢板焊接。

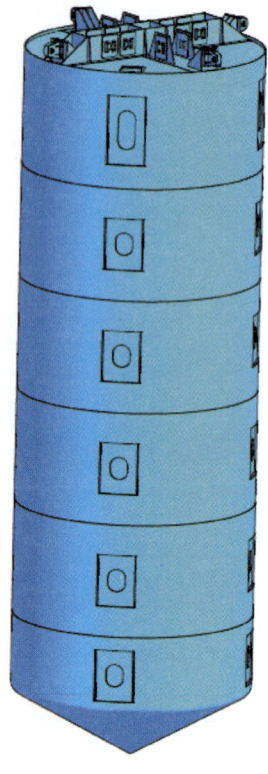

图 5.48　浮筒装置

5.6　钢丝绳组件

钢丝绳组件包括钢丝绳、承船厢调平系统及钢丝绳均衡系统。钢丝绳一端通过承船厢调平系统与承船厢连接，另一端从卷筒缠绕出来绕过动滑轮后，与设在机房平面的钢丝绳均衡系统连接（图 5.49）。

承船厢调平系统布置在钢丝绳吊头与承船厢吊耳之间。承船厢调平系统的主要功能是用于调整由于卷筒制造误差和钢丝绳绳径误差造成的承船厢倾斜或钢丝绳受力不均。承船厢调平系统包括机械调平装置及承船厢调平油缸总成（含内置式行程检测传感器、联结轴承及紧固件等）。承船厢调平油缸总成一端与机械调平装置连接，另一端与承船厢吊耳连接。承船厢共 16 组吊耳，每组有 4 个吊耳，因此共设置 64 套调平油缸装置、4 个调平泵站，调平泵站布置在承船厢甲板内。

钢丝绳均衡系统布置在钢丝绳吊头与均衡梁吊耳之间。钢丝绳均衡系统的主要功能是均衡每组浮筒钢丝绳的受力，使浮筒的 4 根钢丝绳受力均衡。钢丝绳均衡系统包括机械调平装置及钢丝绳均衡油缸总成（含内置式行程检测传感

5.6 钢丝绳组件

器、联结轴承及紧固件等)。钢丝绳均衡油缸总成一端与机械调平装置连接,另一端与钢丝绳均衡梁吊耳连接。升船机共 16 只浮筒,每组浮筒有 4 个动滑轮,相应有 4 根钢丝绳,因此共设置 64 套钢丝绳均衡油缸装置、4 个均衡泵站,均衡泵站布置在高程为 614.00m 的主机房内。

5.6.1 钢丝绳

借鉴国内外已建升船机经验,钢丝绳安全系数应大于 7,钢丝绳设计寿命应能达到 30 年。为保证升船机钢丝绳的使用寿命,要求钢丝绳与滑轮直径的比值足够大,根据国内外已建升船机的经验,一般 $D/d=55\sim70$,见图 5.50。

为保证承船厢在全运行过程中保持水平,采购时应对所有钢丝绳的整绳弹性模量予以规定,并对提升绳的直径偏差予以限制,而且要对每根钢丝绳进行预拉伸处理,以减小各根钢丝绳受载后的弹性伸长量差别。

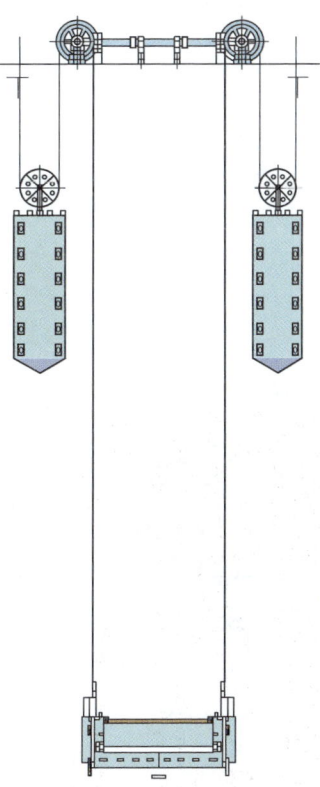

图 5.49 机械系统示意

钢丝绳的端头采用锥套连接方式。为保证锥套连接的可靠性,要求在工厂进行破坏性试验,钢丝绳在破断前锥套不得首先破坏,也不允许从锥套中拉出。

经分析比较,景洪升船机钢丝绳采用压实圆形股、交互捻、独立且带封闭塑料垫层的钢丝绳绳芯、不松散的镀锌钢丝绳。根据升船机运行过程的荷载,

图 5.50 钢丝绳

计算得出钢丝绳的工作荷载为 561kN；根据卷筒及动滑轮直径，选择直径为 70mm 的钢丝绳，钢丝抗拉强度等级为 1960N/mm^2，整绳最小破断拉力不小于 4200kN，钢丝绳的安全系数为 7.5。钢丝绳直径公差范围为 0～2mm，且全部钢丝绳直径实际测量尺寸的相对差值不大于 1mm。钢丝绳长度误差不大于 20mm。

5.6.2 调平油缸

图 5.51　承船厢调平系统

调平油缸为双作用缸，工作时有杆腔单向承载并保压。承船厢升降时，油缸将随钢丝绳在竖直平面内偏摆。油缸设内置式行程检测传感器，行程检测传感器的控制装置将检测信号处理放大后经标准串行信号通信口输出二进制码分别送至承船厢现地控制子站及液压泵站控制系统。调平油缸的活塞杆端部通过自润滑关节轴承与机械调平装置连接，缸体尾部通过自润滑关节轴承与承船厢吊耳板连接，油缸通过法兰与液压系统的阀块及油管连接（图 5.51）。

升船机正常运转时，调平油缸的油路闭锁，当承船厢出现超过允许的水平误差或钢丝绳张力差超过设计允许值后，将承船厢下放至下锁定位置，由调平油缸通过液压系统将倾斜的承船厢重新调平。承船厢在悬吊状态下，调平油缸必须严格保压，24h 内活塞位移量不得大于 1mm。承船厢总成通过液压调平系统调平后承船厢应处于水平状态，在承船厢装载额定水深 2.5m 时，承船厢对角线 4 个点的水深高差不得大于 5cm。

5.6.3 均衡油缸

均衡油缸为双作用缸，工作时有杆腔单向承载并保压。浮筒升降时，油缸将随钢丝绳在竖直平面内偏摆。油缸设内置式行程检测传感器，行程检测传感器的控制装置将检测信号处理放大后经标准串行信号通信口输出二进制码分别送至主机房现地控制子站。均衡油缸的活塞杆端部通过自润滑关节轴承与机械调平装置连接，缸体尾部通过自润滑关节轴承与钢丝绳均衡梁吊耳板连接，油缸通过法兰与液压系统的阀块及油管连接。

升船机正常运转时，均衡油缸的油路闭锁，当浮筒出现超过允许的高程差或钢丝绳张力差超过设计允许值后,由均衡油缸通过液压系统将浮筒重新均衡,使各组提升钢丝绳的张力均衡。承船厢悬吊状态下,均衡油缸必须严格保压,24h内活塞位移量不得大于1mm(图5.52)。

图 5.52　均衡油缸液压泵站

第 6 章

上下闸首 HydroBIM 设计

闸首是船舶进出承船厢的通道，闸首航道为 U 形结构的航槽，分为上闸首和下闸首。上闸首位于上游引航道与升船机塔楼之间，下闸首位于承船厢池与下游引航道之间。

6.1　闸首金属结构设备的组成

闸首金属结构设备包括上闸首事故闸门、上闸首工作大门、下闸首检修闸门及各自的启闭机械设备。上闸首事故闸门由坝顶门机启闭，上闸首工作大门由液压启闭机启闭，下闸首检修闸门由桥机启闭。

6.2　闸首金属结构设备的功能

上闸首事故闸门设置于上闸首前段、坝顶门机轨道范围之内，主要功能是当上闸首工作闸门出现事故时可动水关闭闸门，或当水库水位超过升船机上游最高通航水位时关闭孔口，保证升船机及相关建筑物的安全，见图 6.1。

上闸首工作闸门布置在上闸首通航明渠的末端，始终处于常闭挡水状态（图 6.2）。当船只在上游进出承船厢时应能与承船厢密封对接，且提供船只进出承船厢的通道，当库水位变化时能调整进出通道的门槛高程以保证船只通航所需水位深度，不影响通航船只正常航行（图 6.3）。

下闸首检修闸门平时锁定在下游引航道右墩顶部平台，当承船厢池设备需要检修或承船厢需要在承船厢池中检修时下闸挡水（图 6.4）。

6.2 闸首金属结构设备的功能

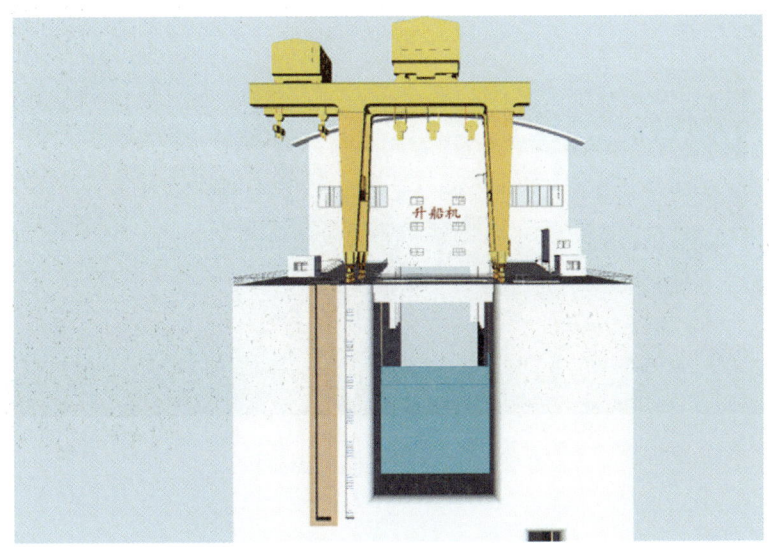

图 6.1　上闸首事故闸门及启闭机

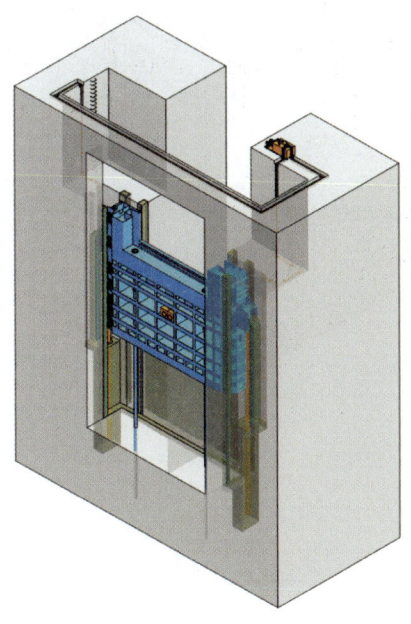

图 6.2　上闸首工作大门及启闭机

图 6.3　承船厢准备上游对接

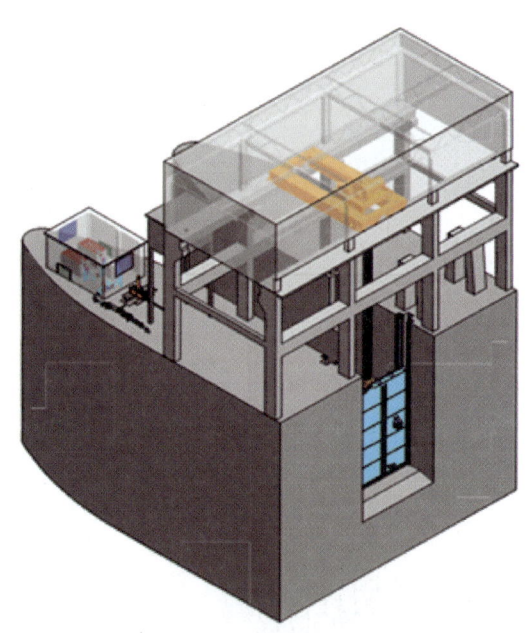

图 6.4　下闸首检修闸门及启闭机

6.3　上闸首事故闸门

上闸首前段设置 1 孔 1 扇上闸首事故闸门，孔口尺寸为 12m×20.9m（净宽×净高），设计水头 20.9m，采用叠梁型式，共分 5 节，下段 4 节单节高度 3.6m，按静水启闭设计；上段 1 节高度 6.7m，按动水关闭静水开启设计（图 6.5）。事故闸门主支承采用滑道支承。当升船机发生事故需要封闭孔口时，上节闸门可以在动水情况下将孔口关闭。在升船机正常工作状态下,当水库水位发生变化时,用坝顶门机和自动抓梁进行启闭调节,使叠梁门门顶始终保持有3.6~6.5m的水深。升船机自动控制系统中设有上闸首事故闸门的门顶水深报警功能,提醒升船机运行人员调整槽中闸门数量,使门顶水深不会超出3.6~6.5m的范围。

事故闸门门体的梁系为实腹式同层布置,门叶面板及止水布置在下游,利用闸门自重动水闭门。闸门分为5节制造。闸门平时存放在储门槽中。上闸首事故闸门启闭机为共用3500kN/1000kN坝顶双向双小车门机,安装在坝顶高程为612.00m的平台。

图6.5 上闸首事故闸门门机

6.4 上闸首工作大门

上闸首通航明渠的末端设置1孔1扇上闸首工作闸门,孔口尺寸为12.0m×13.5m(净宽×净高),闸门采用分节制造现场焊接成整体(图6.6)。

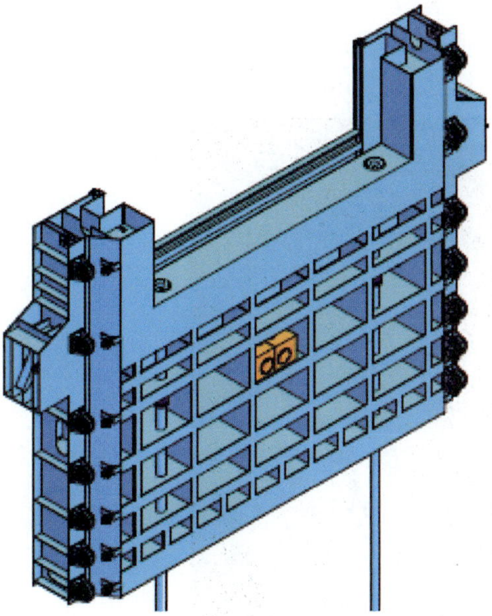

为适应上游水库水位的变化,工作门采用下沉式平面定轮门型式。工作门上游通航孔口净宽12m,底板高程为588.50m。闸门支承在升船机两侧塔柱上,采用双吊点柱塞式液压启闭机启闭,油机安装在闸门两侧,不影响通航净宽要求,油机泵房设在左侧闸墙顶部。工作大门的上部具有凹形缺口及工作小门,工作小门宽度为12m,高度为3.7m(图6.7)。工作大门液压启闭机采用步进式,每次升降高度为500m,当水库水位变化不小于500mm时,操作工作大门或升或

图6.6 上闸首工作大门

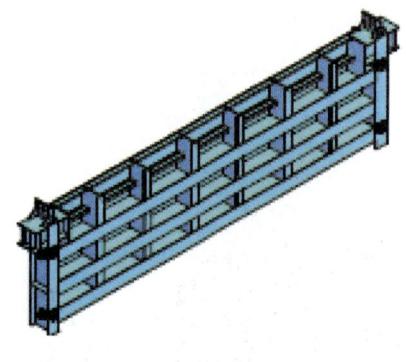

图 6.7 上闸首工作小门

降,使工作小门的门槛以上始终保持 2.5~3m 的水深。

工作大门门体的梁系为实腹式同层布置,门叶面板及止水布置在上游,闸门分 5 节制造,工地安装时焊接为一体。

工作大门启闭机为双缸柱塞式液压启闭机,工作大门的两侧分别伸出一钢结构底座与柱塞油缸顶部连接。泵站布置在高程 614.00m 平台。油缸安装于两侧门槽内,油缸安装高程为 584.70m。

上闸首工作大门控制系统由 1 套泵站动力柜、1 套控制柜组成,布置在高程 614.00m 平台泵站旁边。闸门及液压启闭机的工作状态可在升船机集中控制中心显示。

上闸首工作小门布置在工作大门凹形缺口处。工作小门门体的梁系为实腹式同层布置,面板及止水布置在下游,闸门单节整体制造。

工作小门启闭机为双缸柱塞式液压启闭机,在工作小门的两侧分别伸出一钢结构底座与柱塞油缸顶部连接。泵站布置在工作大门上两根主梁间,电气控制柜布置在高程 614.00m 平台。油缸安装于两侧门槽内。

上闸首工作小门控制系统由 1 套泵站动力柜、1 套控制柜组成,布置在高程 614.00m 平台泵站旁边。工作小门及液压启闭机的工作状态可在升船机集中控制中心显示,在工作大门与承船厢对接完成后开启,上闸首内的水体从其门顶流入工作大门与承船厢上游卧倒门之间的空腔内,以形成船只进出承船厢的水域通道;解除对接后工作小门关闭,与工作大门共同挡水(图 6.8)。

图 6.8 工作小门门顶充水

6.5 下闸首检修闸门

承船厢池出口设置 1 孔 1 扇下闸首检修闸门，孔口尺寸为 12.0m×13.2m（净宽×净高），设计水头为 13.2m，共分 5 节制造运输，在现场连接成整体（图 6.9）。检修门静水启闭，由升船机上游阀室充水平压，主支承采用滑道支承。检修门门体的梁系为实腹式同层布置，面板及止水布置在下游。当承船厢池设备需要检修或者承船厢需要在承船厢池中检修时下闸挡水。检修门由 2000kN 检修桥机操作，起升高度为 40m。桥机轨道布置于高程 572.00m，轨距为 15m，轮距为 6.15m。

图 6.9 下闸首检修闸门

第 7 章 土建结构 HydroBIM 设计

升船机主体建筑物布置在枢纽区溢流坝段右侧 6 号、7 号坝段内，右临 1 号表孔，左临 2 号表孔，包括上闸首、塔楼、下闸首、输水系统、主机房以及相关辅助建筑物。升船机总布置见图 7.1～图 7.6。

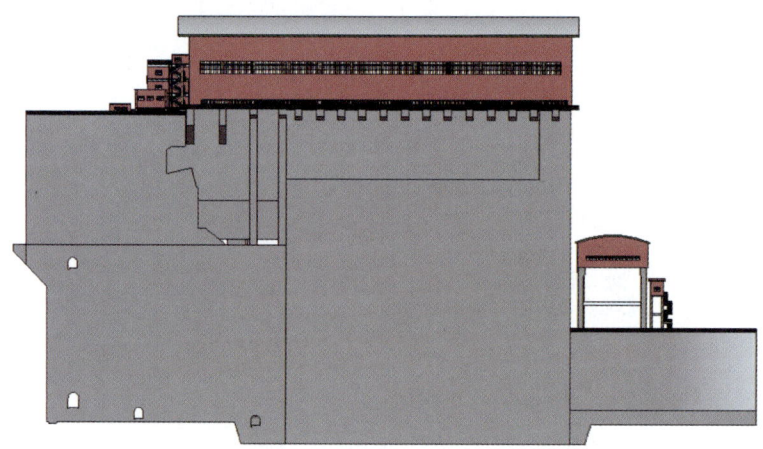

图 7.1 土建整体结构右视图

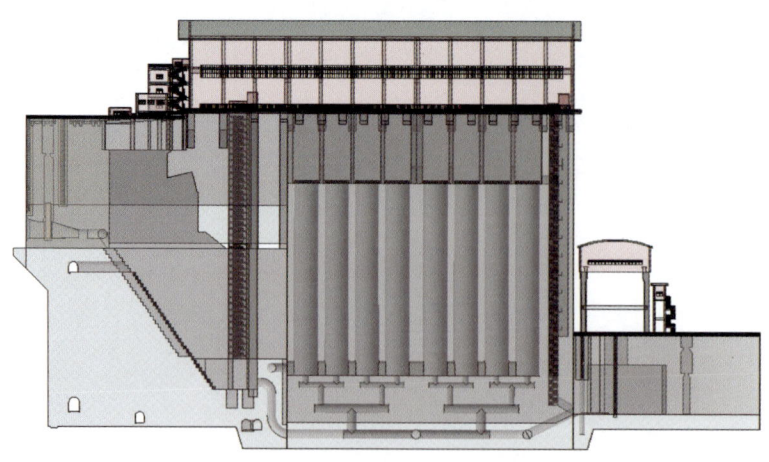

图 7.2 土建整体结构透视图

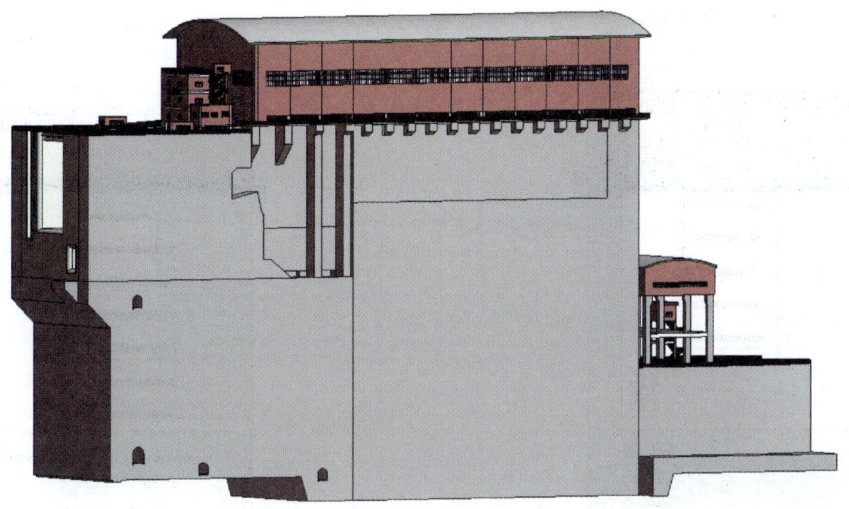

图 7.3　土建整体结构轴测图（一）

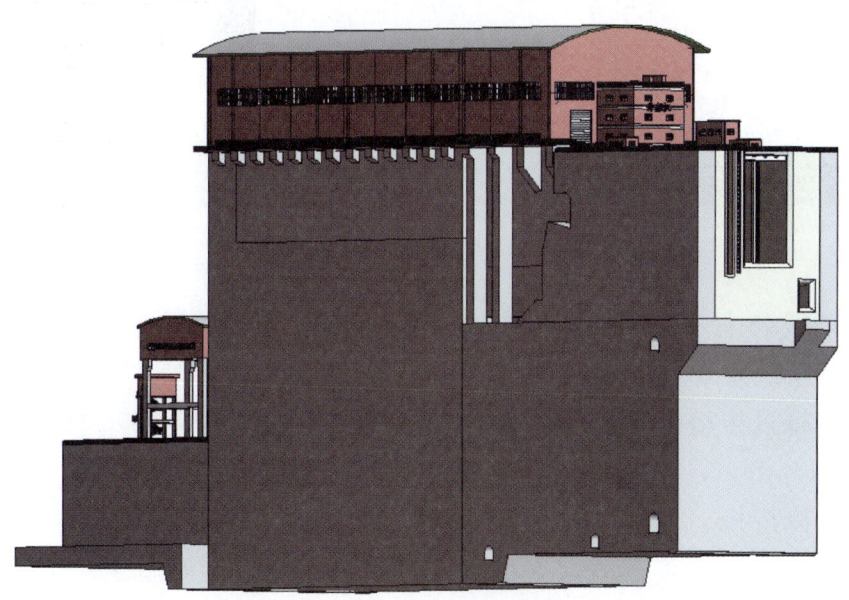

图 7.4　土建整体结构轴测图（二）

上闸首兼有挡水坝段和升船机闸首的双重功能，位于右岸 1 号和 2 号溢流表孔坝段之间，长 71.12m，宽 30m，坝顶高程为 612.00～614.00m，设有上闸首检修事故闸门、上闸首工作门、上游控制阀室、中央控制楼、顶部交通桥、主阀吊物孔、工作电梯及楼梯井等。

塔楼位于上闸首段的下游，长 76.6m，宽 40m，塔楼顶部高程为 614.00m，主要由布置充泄水系统的混凝土底板、两侧带竖井的塔柱、塔楼联系梁、顶部机房及安全撤离电梯、楼梯井组成。

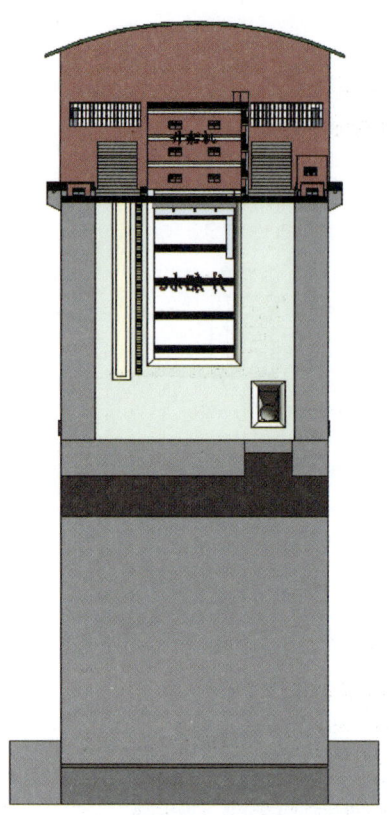

图 7.5　土建整体结构上游立视图

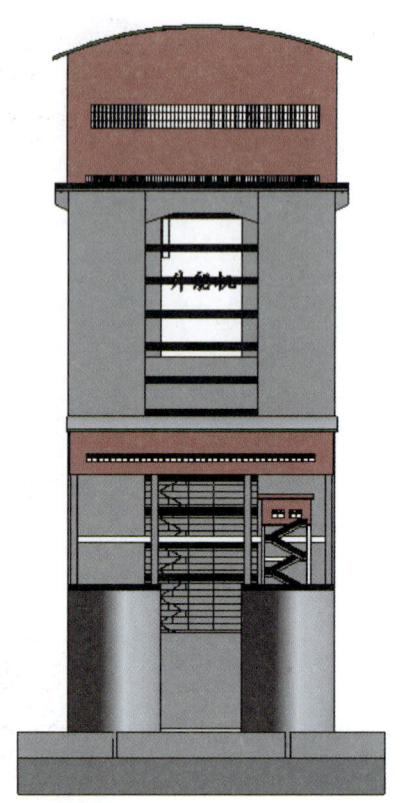

图 7.6　土建整体结构下游立视图

下闸首段布置在塔楼的下游，长 50m，宽 40m，顶部高程为 553.00m，设有下闸首事故检修门及桥机排架、下游控制阀室、主阀吊物孔等。

主机房布置于塔柱顶部，为钢结构框架，平面尺寸为 102m×40m，机房底高程为 614.00m，屋顶采用网架结构，机房内布置卷筒装置、机械同步轴系统以及检修桥机。

输水系统在上闸首右侧设进水口引水，经上游控制阀室至承船厢池底部的充泄水管道中，然后分别引入两侧各 8 个竖井中，充泄水管道采用等惯性布置。泄水管道沿承船厢池底部引入下闸首左侧的下游控制阀室，然后通过出水口将水排入下游引航道。

7.1　上闸首土建结构

上闸首兼有大坝挡水功能，为Ⅰ级建筑物。上闸首洪水设计标准与挡水坝相同，即设计洪水标准为 $P=0.2\%$，相应库水位为 603.80m；校核洪水标准为 0.02%，相应库水位为 609.40m，正常蓄水位为 602.00m，死水位为 591.00m。

上闸首的抗震设计烈度按坝址 100 年超越概率 2%的地震烈度，即 8 度设防。

7.1.1 工程布置

上闸首具有挡水、取水、通航槽功能，位于 6 号、7 号坝段，右邻 1 号表孔，左邻 2 号表孔，上接上游引航道，下接塔楼段，主要由挡水坝段、通航槽、上游操作阀室、主阀吊物孔、中央控制楼、电梯楼梯井等基本部分组成。上闸首的布置见图 7.7 和图 7.8。

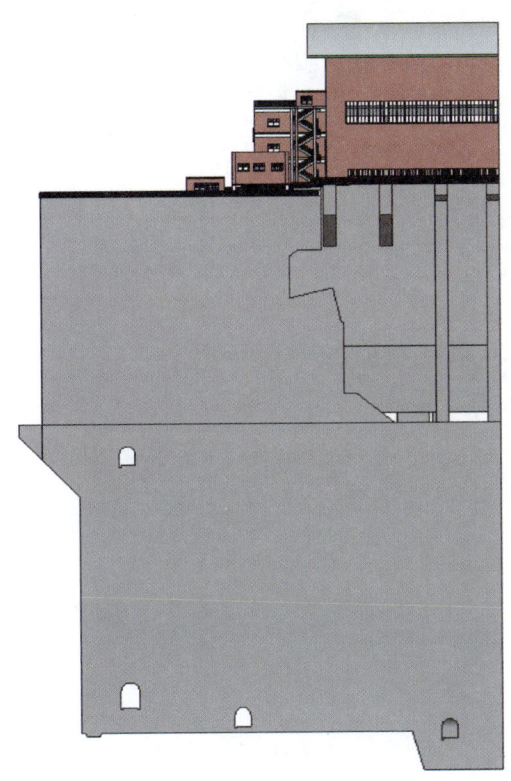

图 7.7　上闸首土建结构侧视图

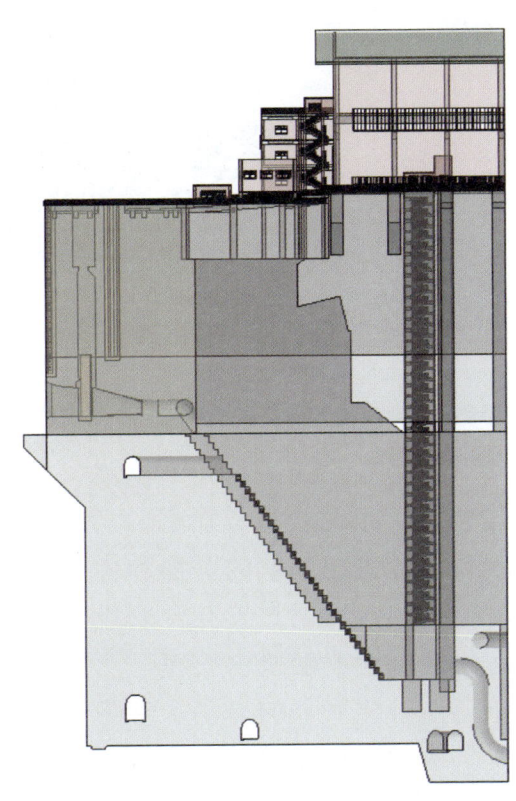

图 7.8　上闸首土建结构透视图

上闸首挡水坝段为空腹混凝土重力式结构，顺河向总长 71.12m，横河向宽 30m。上闸首挡水坝段坝顶高程为 612.00m。上闸首采用整体式 U 形结构，由于上闸首横跨 6 号、7 号坝段横缝，故在高程 575.00m 对坝体横缝进行并缝处理，坝段横缝间设止水。通航槽布置在上闸首中部，航槽宽为 12m，底板高程为 588.50m，航槽左右两侧边墩宽均为 9m，边墩在桩号 D0－006.000～D0＋017.000 间顶部高程为 612.00m，桩号 D0＋017.000～D0＋047.000 间为斜坡式，顶部高程由 612.00m 渐变到 614.00m，坡比为 6.7%，在桩号 D0＋047.000～D0＋065.120 间顶部高程为 614.00m，见图 7.9。

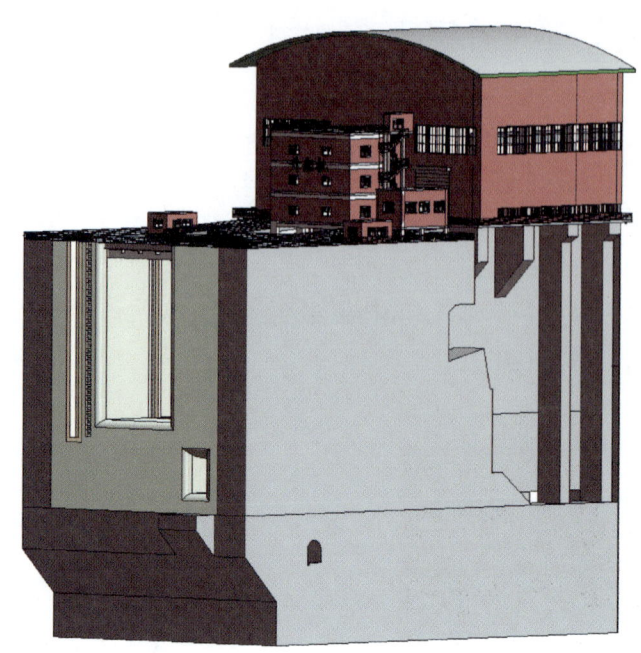

图 7.9　上闸首土建结构轴测图

上游控制阀室布置于上闸首空腔中，阀室底板顺河向长 14.0m，横河向宽 22m，高程为 538.00m，阀室内设有检修桥机排架。为了便于将上游控制阀室中的充水阀吊出阀室检修，在上闸首通航槽左边墩上设置了主阀吊物孔，吊物孔平面尺寸为 6.0m×4.0m（长×宽），上游阀室的布置见图 7.10。用于操作人员进出阀室的电梯和楼梯布置在航槽右边墩上，见图 7.11。

上闸首右侧布置有升船机等惯性输水系统的取水口，引水管沿上闸首右侧水平走线至升船机中心线，然后沿上游阀室空腔斜坡下降至上游阀室，再垂直下落至塔楼底部的充泄水管路中，见图 7.12。

为适应顶部主机房的跨度要求，上闸首左右边墩外侧在桩号 D0＋038.120～D0＋065.120 间各布置了一排牛腿，牛腿外悬 5.5m，宽 2m。

上闸首建基面在桩号 D0＋051.200 以前的高程为 528.00m，桩号 D0＋051.200～D0＋053.000 按 1∶0.3 的陡坡开挖至高程 522.00m，桩号 D0＋053.000 后建基面高程为 522.00m，见图 7.13。

中央控制楼布置在上闸首顶部，顺河向长 12m，横河方向宽约 14m，见图 7.14。

7.1.2　上闸首结构设计

上闸首是枢纽挡水坝段的一部分，兼有挡水坝段和升船机闸首的双重功能，结构采用整体式结构，结构正向承受荷载，依靠自重在坝基面上产生摩阻力维持其稳定，可将受到的顺河向荷载传递于地基。

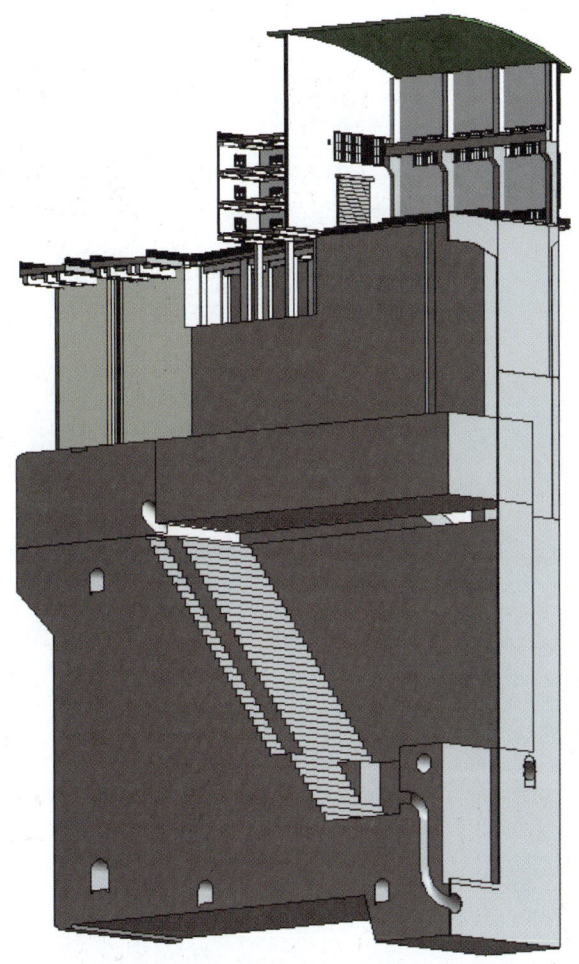

图 7.10　上闸首土建结构纵剖图（一）

1. 计算荷载及工况

上闸首受到的荷载主要为：混凝土自重、上游水压力、下游水压力、扬压力、动水压力、地震荷载、泥沙压力等。

其计算荷载及工况和工况说明见表 7.1 和表 7.2。

表 7.1　　　　　　　　　计算荷载及工况

工况		荷载种类						
		混凝土自重	上游水压力	下游水压力	扬压力	地震荷载	动水压力	泥沙压力
基本组合	正常运行工况	√	√	√	√			√
	检修工况	√		√	√			
特殊组合	校核洪水位工况	√	√	√	√			√
	地震工况	√	√	√	√	√	√	

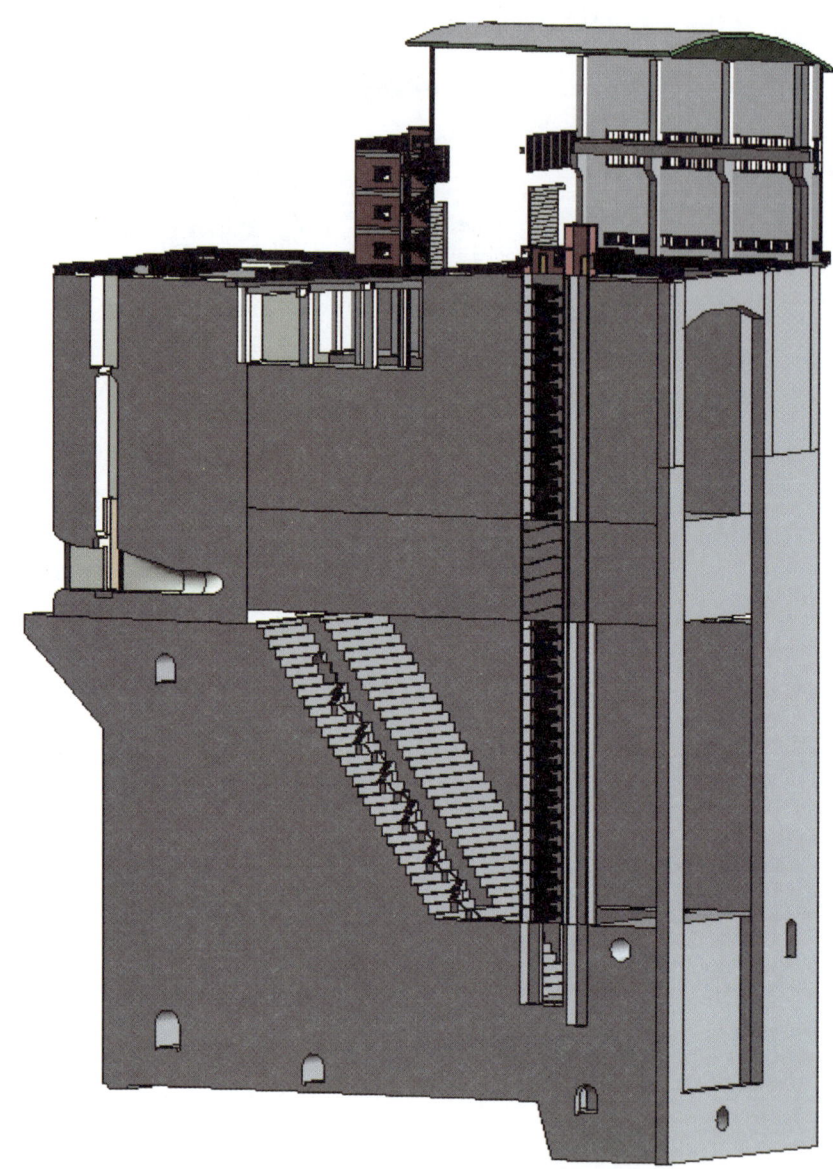

图 7.11　上闸首土建结构纵剖图（二）

表 7.2　　　　　　　　　　主　要　计　算　工　况　说　明

计算工况	工　况　说　明
正常运行工况	自重＋上游最高通航水位＋下游最低通航水位 ＋泥沙压力
检修工况	自重＋上游最高通航水位＋泥沙压力
校核洪水位工况	自重＋上游校核水位＋下游校核水位＋泥沙压力
地震工况	自重＋上游最高通航水位＋下游最低通航水位 ＋泥沙压力＋动水压力＋地震荷载

2. 计算结果

图 7.15 给出了上闸首抗滑稳定计算简图，表 7.3 和表 7.4 给出材料力学法上闸首抗滑稳定和坝基应力计算结果。

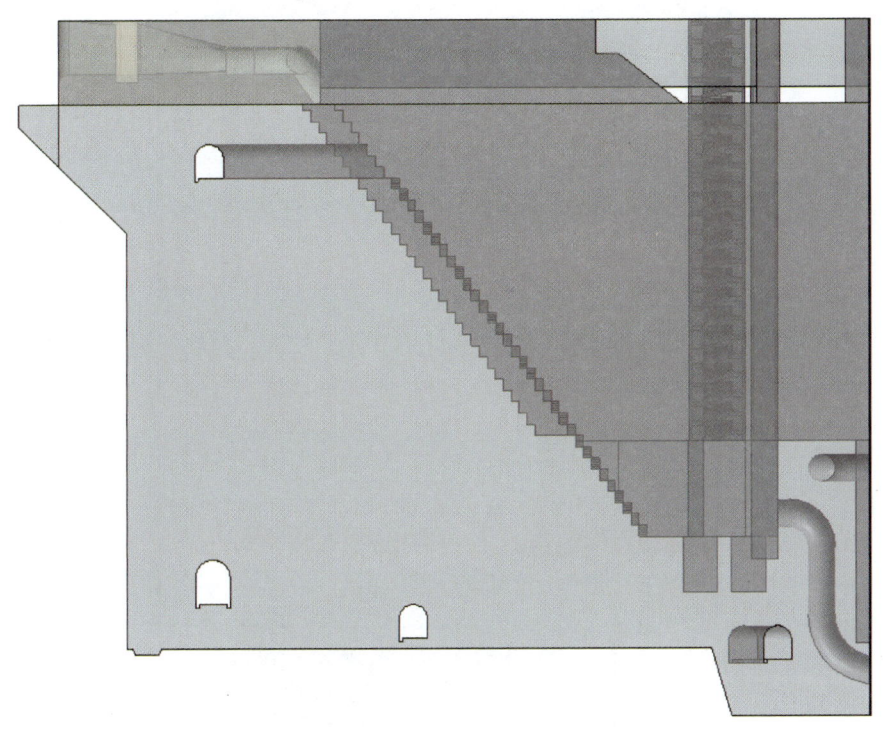

图 7.12　上闸首取水口透视图

表 7.3　　　　　　　材料力学法上闸首抗滑稳定计算结果

工　况		船闸规范计算方法		重力坝规范计算方法/kN	
		计算值	规范要求值	作用效应	抗力效应
基本组合	正常蓄水位工况	4.31	3.0	25344	64359
	检修工况	4.34	2.5	25578	65783
特殊组合	校核洪水位工况	5.51	2.5	17627	54439
	正常蓄水位＋地震	2.41	2.3	42819	60236

表 7.4　　　　　　　材料力学法上闸首坝基应力计算结果　　　　　　单位：MPa

工　况		承载能力极限状态		正常使用极限状态	
		坝趾压应力	岩体抗力	坝踵应力	判断有无拉应力
基本组合	正常蓄水位工况	2.0	4	0.61	无拉应力
	检修工况	2.07	4	0.61	无拉应力
特殊组合	校核洪水位工况	1.6	4	0.58	
	正常蓄水位＋地震	3.24	4.8	−0.45	

第 7 章　土建结构 HydroBIM 设计

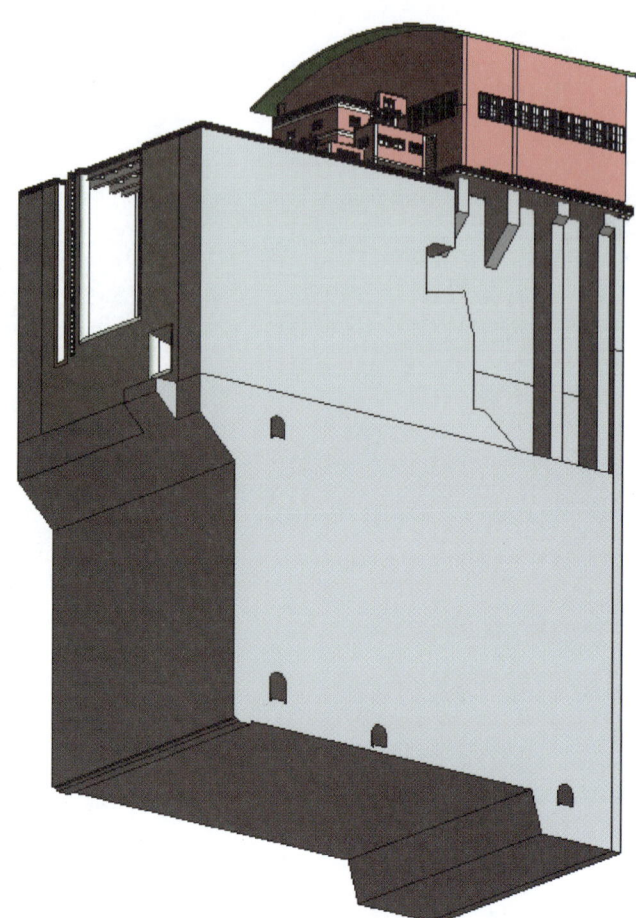

图 7.13　上闸首整体土建结构三维视图

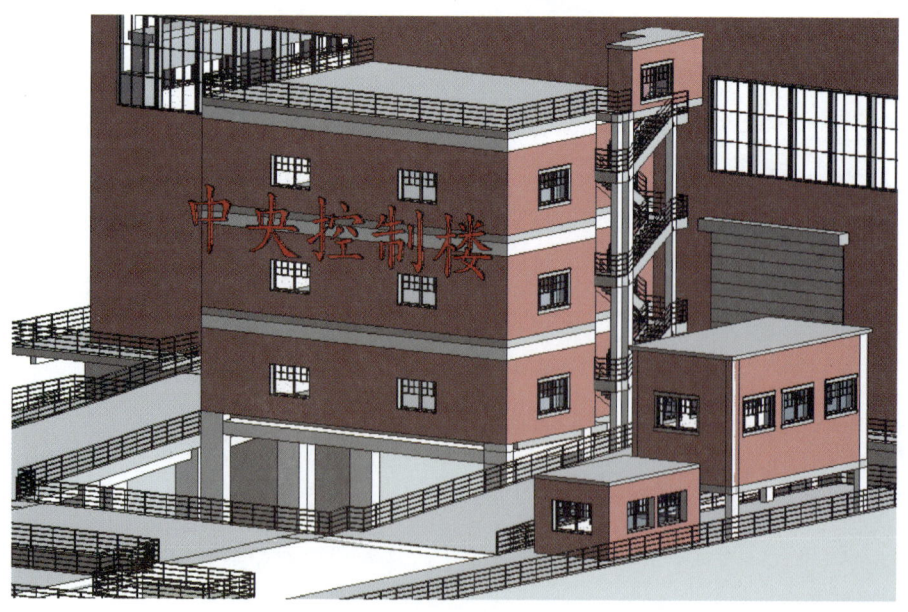

图 7.14　上闸首中央控制楼三维模型

7.1 上闸首土建结构

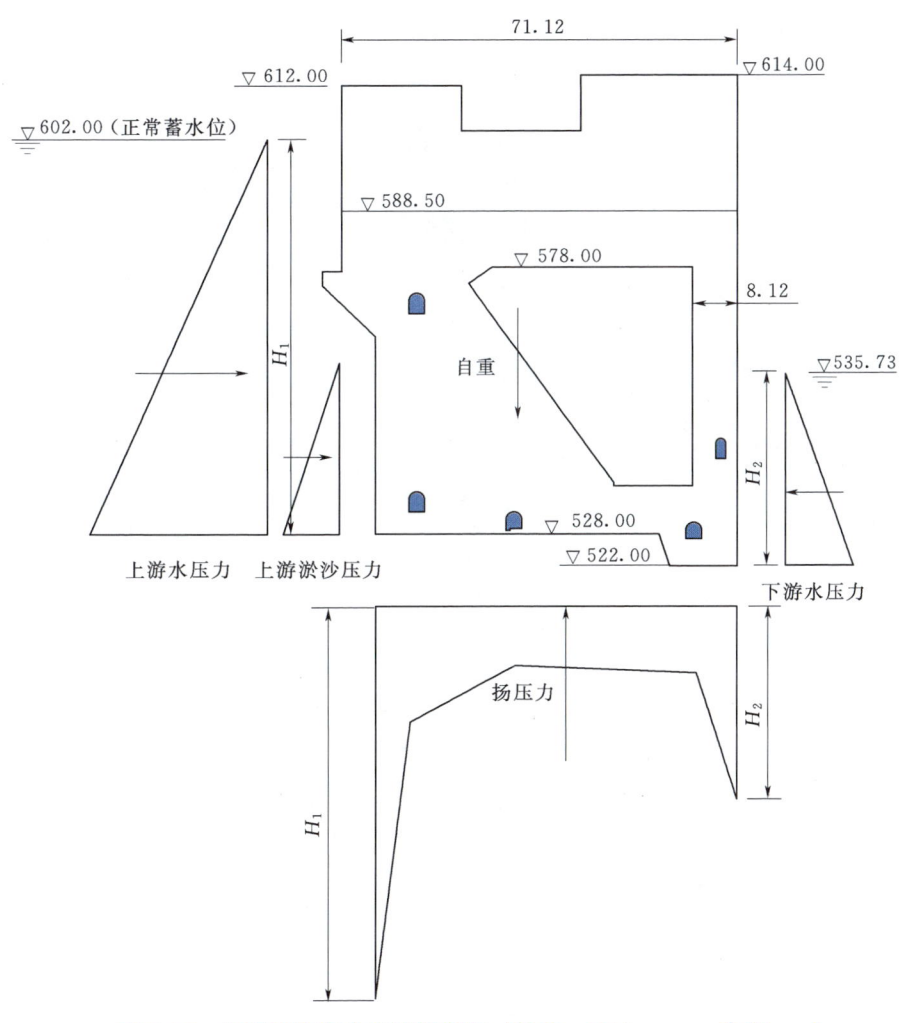

图 7.15 上闸首抗滑稳定计算简图（单位：尺寸，mm；高程，m）

从表 7.3 和表 7.4 计算结果可以看出，上闸首沿建基面抗滑稳定和坝基应力均满足规范要求。

表 7.5 和表 7.6 分别给出了上闸首典型剖面有限元计算得到关键部位位移值和应力值。

表 7.5　　　　　　　　上闸首关键部位最大位移值

工况		顺河向位移/cm	出现位置	竖向位移/cm	出现位置
正常运行工况		1.87	坝顶上游侧	−2.15	坝顶下游侧
检修工况		1.92	坝顶上游侧	−2.20	坝顶下游侧
校核水位工况		1.46	坝顶上游侧	−1.91	坝顶上游侧
地震工况	最大拉应力	4.08	坝顶上游侧	−2.62	坝顶下游侧
	最大压应力	−0.90	坝顶上游侧	−0.04	高程 574.50m，上游侧

注　顺河方向位移以指向下游为正、指向上游为负；竖向位移以上抬为正、下沉为负。

第 7 章 土建结构 HydroBIM 设计

表 7.6 上闸首关键部位应力值 单位：MPa

工况		坝踵	坝趾	上游折坡点	空腔顶部上游角点	空腔顶部中部	空腔顶部下游角点	空腔底部上游角点	空腔底部中部	空腔底部下游角点
顺河向正应力	正常运行工况	0.05	−4.28	−0.41	−1.42	1.54	−0.22	−2.51	1.73	0.43
	检修工况	0.04	−4.41	−0.42	−1.41	1.54	−0.23	−2.57	1.74	0.45
	校核水位工况	−0.21	−3.20	−0.50	−1.51	1.06	−2.16	−3.33	−0.44	−2.70
	地震工况 最大拉应力	3.17	−2.19	0.23	0.15	3.60	0.82	1.10	3.30	2.16
	地震工况 最大压应力	−3.19	−7.53	−1.15	−3.99	−2.33	−1.11	−6.93	−0.64	−2.15
竖向正应力	正常运行工况	−1.89	−6.23	−1.06	−5.54	0.07	−2.98	−3.01	0.09	−2.87
	检修工况	−1.91	−6.39	−1.08	−5.51	0.07	−3.00	−3.05	0.09	−284
	校核水位工况	−1.83	−4.72	−1.18	−5.07	0.05	−5.10	−3.11	0.02	−5.20
	地震工况 最大拉应力	2.20	−3.90	0.98	−4.88	0.21	−0.34	0.78	0.24	−1.00
	地震工况 最大压应力	−6.91	−11.0	−3.34	−9.93	0.03	−5.60	−7.65	0.06	−5.66
第一主应力	正常运行工况	0.06	0.41	0.003	−0.08	1.54	0.01	0.04	1.73	0.51
	检修工况	0.06	0.43	0.004	−0.08	1.54	0.01	0.04	1.75	0.53
	校核水位工况	−0.04	0.28	0.003	−0.07	1.06	0.03	0.04	0.27	0.04
	地震工况 最大拉应力	3.88	0.30	1.42	0.42	3.02	1.47	3.64	3.30	2.17
	地震工况 最大压应力	−2.74	−7.21	−1.06	−3.06	−0.33	−1.11	−6.86	0.26	−1.62
第三主应力	正常运行工况	−1.90	−8.12	−1.07	−5.87	0.006	−3.17	−4.37	−0.009	−2.94
	检修工况	−1.92	−8.37	−1.09	−5.85	0.006	−3.19	−4.44	−0.02	−2.92
	校核水位工况	−1.87	−6.05	−1.19	−5.33	0.004	−5.87	−4.96	−0.45	−6.19
	地震工况 最大拉应力	1.46	−6.39	−0.20	−3.55	0.003	−0.98	−1.77	0.23	−1.01
	地震工况 最大压应力	−7.37	−11.1	−3.44	−9.97	−2.51	−5.60	−7.72	−0.84	−6.19

注　应力结果以拉为正、压为负。

从表 7.5 和表 7.6 可以看出以下几点：

（1）位移。

1）顺河向位移。上闸首在上游水压等荷载作用下，其顺河向位移基本为向下游的变位，在静力工况下的最大指向下游的位移值为 1.92cm，出现在检修工况下坝顶的上游侧；在地震工况下，坝顶最大顺河向位移为 4.08cm，指向下游。

2) 竖向位移。在结构自重等荷载影响下,上闸首基本下沉,靠近下游测的沉降值要大于靠近上游测的,在静力工况下,上闸首的最大沉降值为-2.20cm,出现在检修工况下坝顶的下游端;在地震工况下,上闸首最大沉降值为-2.62cm。

(2) 应力。

1) 顺河向正应力。在静力工况下,坝踵出现了较小的顺河向拉应力,最大值为0.05MPa(正常运行工况),坝趾出现较大的压应力,最大值为-4.41MPa(检修工况),上游折坡点有较小压应力,最大值为-0.50MPa(校核洪水位工况)。

上闸首空腔顶部(通航槽底板的底部)以及空腔的底板在结构自重等荷载的作用下,产生了较大的顺河向拉应力,且空腔底板的拉应力较顶部的要大些,最大顺河向拉应力出现在空腔的底板上,最大值为1.74MPa。与此同时,在空腔的顶部及底板的上、下游角点出现了一定程度的压应力集中现象,最大压应力为-3.33MPa,出现在校核洪水位工况下的空腔底板上游角点处。

在地震工况下,由于静力作用对动力作用或叠加或抵消,使得坝踵有出现较大拉、压应力,其值均在3.18MPa左右,坝趾处出现了较大压应力,其值为-7.53MPa。上闸首空腔顶部及底板中部的拉应力在计入地震荷载作用下,其值有较大提高,最大值为3.60MPa,出现在空腔顶部,同时空腔角点的压应力集中现象也有所加剧,最大压应力值达-6.93MPa,出现在空腔底部上游角点。

2) 竖向正应力。上闸首在静力荷载作用下,上闸首的竖向正应力基本为压应力,最大压应力出现在坝趾部位,最大值为-6.39MPa(检修工况)。

在地震工况下,坝踵处出现了竖向拉应力集中现象,最大拉应力值为2.20MPa,坝趾出现了较大的竖向压应力,其值为-11.0MPa。闸首空腔上下游角点也出现了较显著的压应力集中,最大竖向压应力出现在空腔顶部上游角点,最大值为-9.93MPa。

在长期组合(正常运行工况),上闸首坝踵竖向应力为压应力,为-1.89MPa,在短期组合(检修工况),上闸首坝踵的竖向压应力为-1.91MPa,在地震工况下,坝踵的拉应力为2.2MPa,其拉应力区宽度为4.86m,小于坝踵至帷幕中心线的距离(7.5m),上闸首空腔中出现的拉应力均可通过布置钢筋来承担。总体来说上闸首的强度是满足要求的,其结构设计是合理的。

7.1.3 上闸首附属结构设计

（1）中央控制楼。中央控制楼横河向长约 14m，顺河向宽约 12m，底高程为 614.00m，为梁板柱组成的钢筋混凝土框架结构，共 3 层，每两层楼板之间的高为 6.0m。

（2）门机大梁。门机大梁受通航净高限制，梁底不能低于高程 610.00m，故采用钢箱形梁，大梁净跨为 12m，梁高为 1.6m，梁宽为 1.4m，翼缘厚为 0.03m，腹板间距为 1.0m，腹板厚为 0.02m。

7.1.4 上闸首关键部位配筋设计

（1）通航槽底板。通航槽底板顶部配置 3 排横河向和顺河向的受力钢筋，横河向钢筋直径为 36m，间距为 200m，顺河向钢筋直径为 36mm，间距为 200mm，钢筋排距均为 200mm，底板受拉钢筋均需锚固在闸墩的受压区。

（2）闸墩。闸墩航槽侧布置了 2 排 $\phi36@200mm$ 竖向受力钢筋以及 $\phi28@200mm$ 水平向钢筋，钢筋排距为 200mm；闸墩迎水面均布置 1 排 $\phi28@200mm$ 竖向受力钢筋以及 $\phi22@200mm$ 水平向钢筋。

（3）上游操作阀室。上游操作阀室顶部布置了 3 排 $\phi36@200mm$ 横河向和顺河向的受力钢筋；阀室底板布置了 2 排 $\phi36@200mm$ 横河向和顺河向的受力钢筋；阀室的两侧边墙布置 1 排 $\phi32@200mm$ 竖向和顺河向钢筋，阀室下游边墙的上下游侧各布置了 2 排 $\phi32@200mm$ 横河向和竖向钢筋，钢筋的排距均为 200mm。

（4）输水系统管道外围混凝土。在输水系统管道外围混凝土中布置了两层环向和径向钢筋，环向钢筋为 $\phi28@200mm$，径向钢筋为 $\phi22@200mm$，钢筋排距为 200mm。

7.2 塔楼土建结构

塔楼为Ⅱ级建筑物。塔楼抗震设计烈度按坝址 50 年超越概率 10% 的地震基本烈度设防，即地震基本烈度为Ⅶ度。

7.2.1 塔楼结构布置

升船机塔楼布置在枢纽区右岸原导流明渠内，右临 1 号表孔泄槽，左临 2

号表孔泄槽，上接上闸首，下接下闸首，塔楼顺河向总长为 76.6m（桩号 D0+065.120～D0+141.720），在桩号 D0+099.920 处设置塔楼纵向结构缝，缝间设止水铜片。横河向宽为 40m（桩号 0-161.500～0-121.500），以桩号 0-141.500（升船机中心线）为轴线左右对称布置了两个宽均为 11.6m 的塔柱，每个塔柱内分别设置了 8 个竖井，竖井高为 72m，底高程为 542.00m，竖井在高程 594.50m 以上部为方形断面，以下为圆形断面，断面尺寸分别为 7.9m×7.2m（长×宽）、直径 6.5m，见图 7.16～图 7.20。

图 7.16 塔楼整体布置

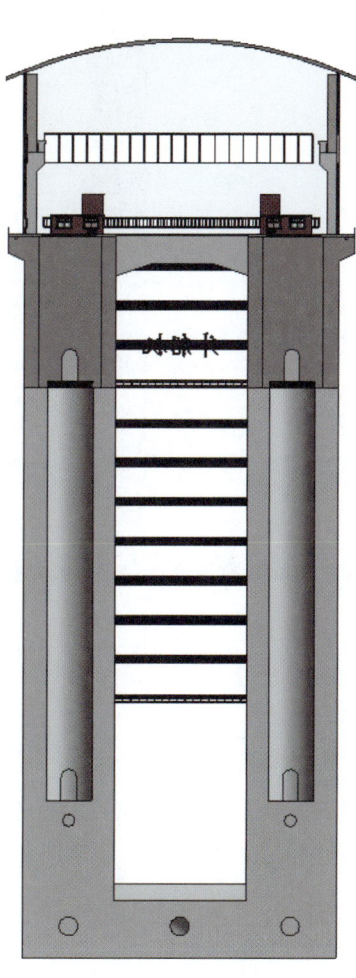

图 7.17 塔楼立视剖面

图 7.18 塔楼透视图

在塔楼底板和竖井下部布置有用于竖井充、泄水的等惯性输水系统，输水系统由上闸首的上游阀室引入，下游接布置于下闸首的下游阀室，等惯性输水系统按两侧各 8 个出水点水流惯性相等的原则设计，输水管道为压力钢管，以升船机中心线为轴线左右对称布置，由直径 2.5m 及直径 1.6m 的钢管、岔管、三通、四通等组成。塔楼内输水系统布置见图 7.21～图 7.23。

如图 7.22 所示，竖井上部隔墙厚为 1.0m，下部隔墙最小厚度为 1.7m，两侧边墙上部厚为 1.85m，下部最小厚度为 2.55m。为了使各竖井间水位在充泄水过程中能同步上升或下降，在竖井底部高程 544.05m 设了竖井连通管，管道直径为 2.5m，同时连通管向上游穿过上闸首下游墙将左右两侧竖井连通。为了便于浮筒的吊装及运行期间人员进入竖井进行检修,在竖井上部高程594.50m设置了联系各竖井的检修廊道,廊道断面为城门洞型,尺寸为3.0m×6.0m(宽×高)。

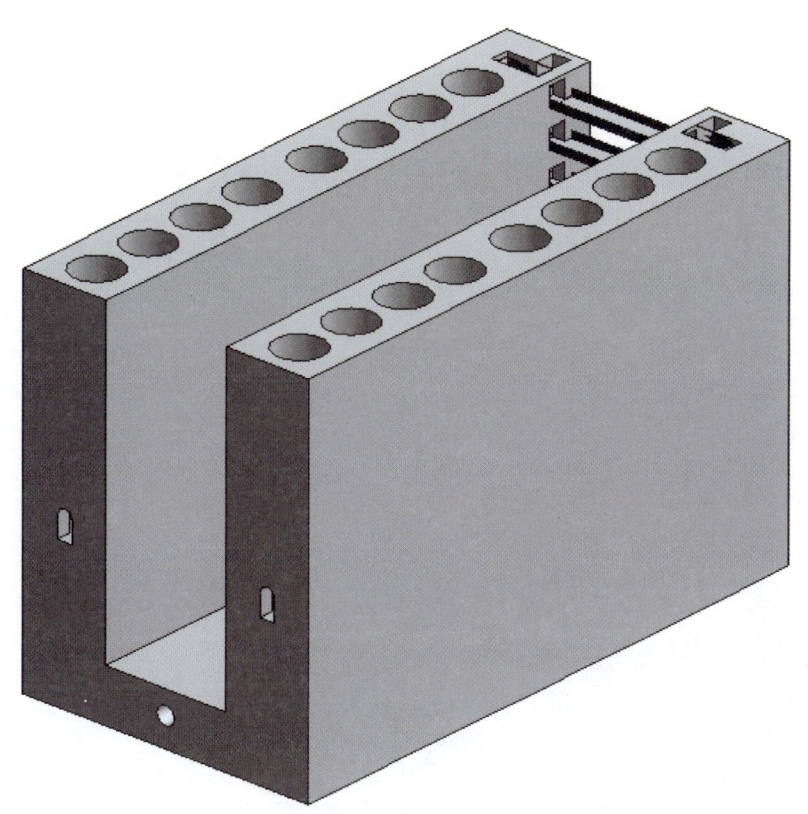

图 7.19 塔楼竖井布置(高程 594.50m 以下)

左右塔柱中间空腔为承船厢池,是升船机承船厢的运行空间,池长69.6m,净宽16.8m,池底高程为528.50m,承船厢池底板厚为6.5m。

为加强塔楼横河向刚度,在塔楼顶部设置了联系左右两塔柱的钢筋混凝土大梁,梁高4m,梁宽2m,梁底高程为610.00m,见图7.23。

塔楼建基面高程为522.00m,为防止导流期间水流对基础的冲刷,已在建基面上铺设一层厚1m混凝土垫层。塔楼顶高程为614.00m,塔楼总高为92m(不包括主机房)。

用于事故疏散及操作人员使用的电梯井、楼梯井布置于塔楼下游端,在左右塔柱各设置一个电梯井和一个楼梯井,两侧电梯井底高程为552.00m,左侧楼梯井底高程为534.00m,右侧楼梯井底高程为542.00m(图7.24)。

升船机事故疏散通道布置于塔楼结构的下游端,最低一层高程高于下游最高通航水位 9.60m，为 554.50m，最高一层为 602.50m，中间各层按层距 4m 布置，共有 13 层。每层通道均与疏散电梯井和楼梯井相通，并在每两层疏散通道间设置竖向爬梯联系（图 7.25）。

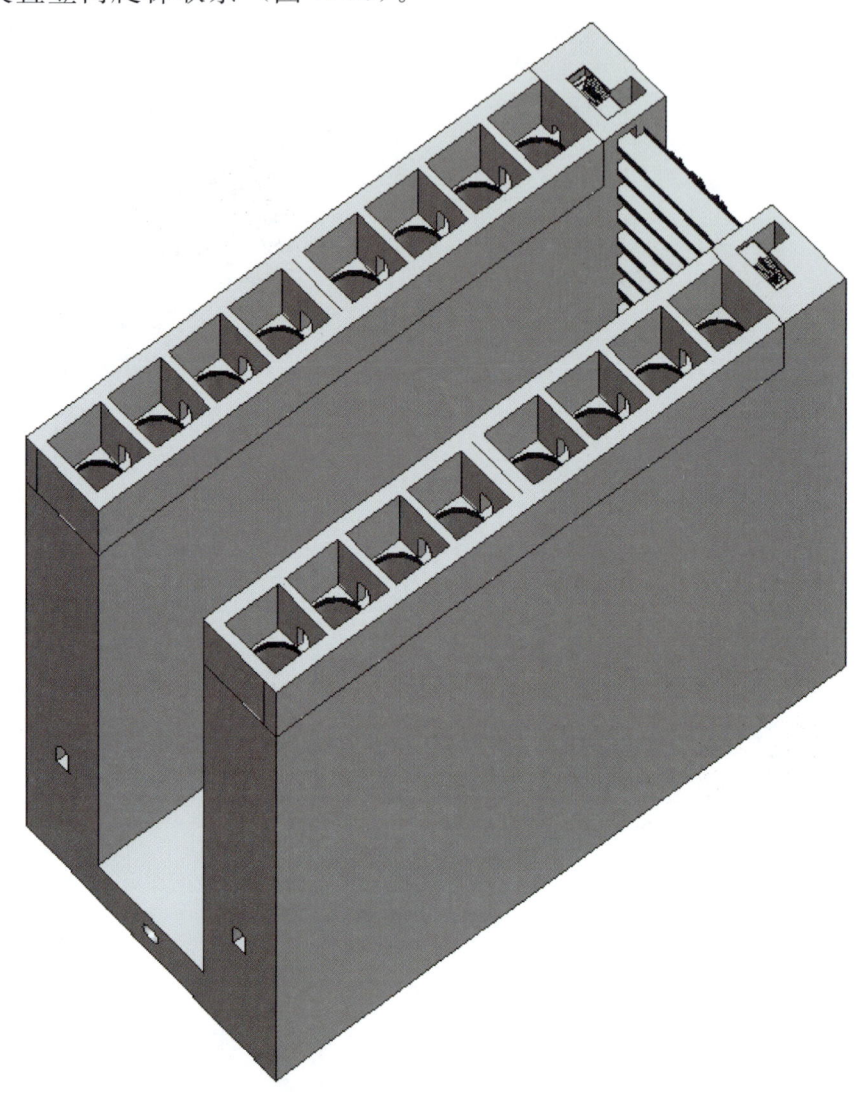

图 7.20　塔楼竖井布置（高程 594.50m 以上）

如图 7.26 所示，塔楼顶部布置升船机主机房，向上游延伸至上闸首主阀吊物孔前端，机房排架为钢结构，机房地面高程为 614.00m，长约 104m，宽 40m，主机房顶采用轻钢网架结构。

7.2.2　塔楼结构设计

楼结构是整个升船机的基础，其特点是高耸的中空薄壁钢筋混凝土结构，塔楼高达 92.0m（不包括顶部机房），由于功能要求，它不同于一般的民用高

7.2 塔楼土建结构

图 7.21 塔楼输水系统立面图

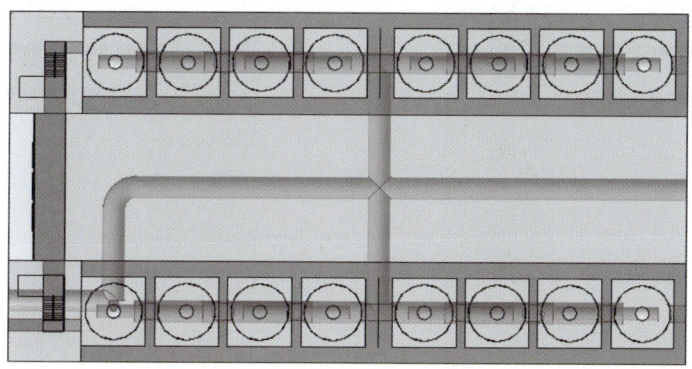

图 7.22 塔楼输水系统平面图

图 7.23 顶部大梁布置

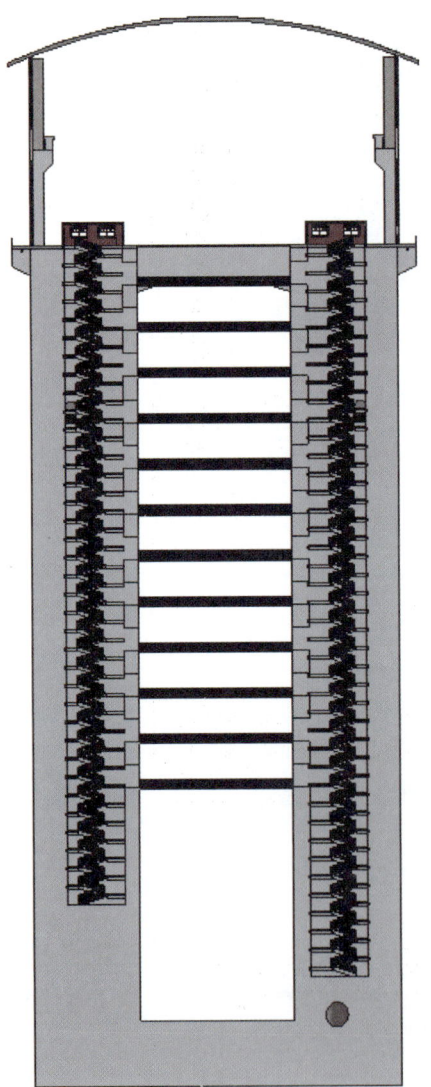

图 7.24 事故疏散楼梯

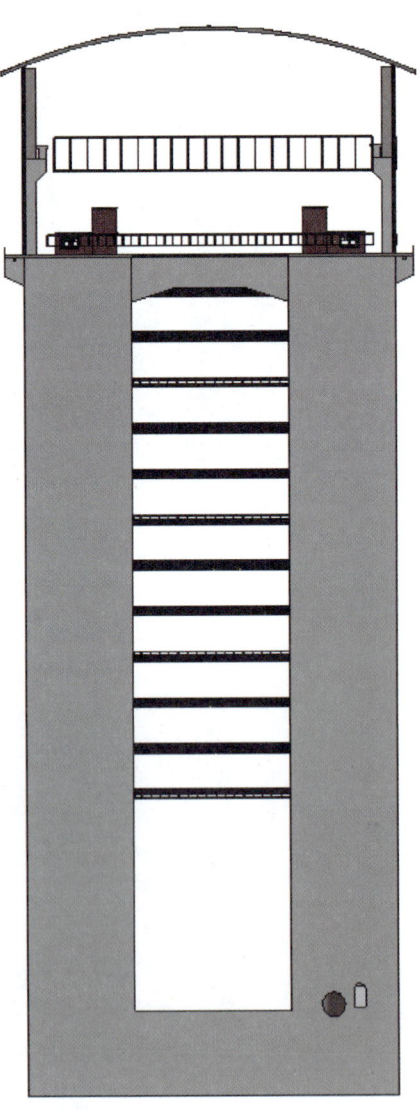

图 7.25 事故疏散通道

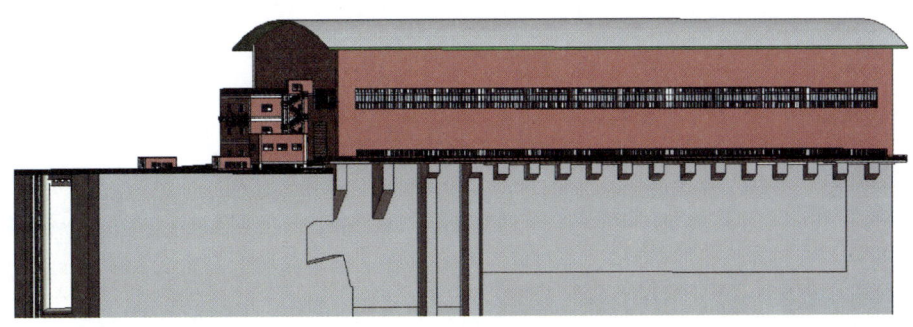

图 7.26 升船机主机房侧视图

层建筑,为了保证承船厢的顺利提升,需要严格限制塔楼结构的变位,同时由于工程重要性,塔楼结构还要有良好抗震性能。作为升船机主要受力结构的塔楼,其结构设计目前在国内还没有指导性的规程可依循。为此,在塔楼结构设计时广泛吸取水口、岩滩、三峡等已建和筹建工程的经验。

塔楼结构采用三维有限元方法进行计算分析。

1. 计算荷载及工况

(1) 作用于塔楼的荷载(表 7.7)。

1) 永久荷载。包括混凝土自重、顶部机房设备荷载、浮筒重、承船厢重。

2) 可变荷载。包括静水压力、动水压力、风荷载、温度荷载、锁定荷载。

3) 偶然荷载。包括地震荷载。

表 7.7 计 算 荷 载 及 工 况

结构状态	设 计 工 况	荷 载 种 类									
		混凝土自重	顶部机房设备荷载	承船厢重	浮筒重	静水压力	动水压力	风荷载	温度荷载	锁定荷载	地震荷载
持久状况	(1) 正常运行工况一	√	√	√	√	√		√	√		
	(2) 正常运行工况二	√	√	√	√	√		√	√		
	(3) 正常运行工况三	√	√	√	√	√		√	√		
	(4) 正常运行工况四	√	√	√	√	√		√	√		
短暂状况	(1) 检修工况一	√	√					√	√	√	
	(2) 检修工况二	√	√					√	√	√	
偶然状况	地震+正常运行工况二	√	√	√	√	√	√	√			√

(2) 主要计算工况说明见表7.8。

表7.8 主要计算工况说明

结构状态	工况号	设计工况	工 况 说 明
持久状况	一	正常运行工况一	自重＋竖井内水压＋承船厢池水压＋顶部设备荷载
	二	正常运行工况二	自重＋竖井内水压＋承船厢池水压＋设备荷载＋风荷载
	三	正常运行工况三	自重＋竖井内水压＋承船厢池水压＋设备荷载＋风荷载＋温升荷载
	四	正常运行工况四	自重＋竖井内水压＋承船厢池水压＋设备荷载＋风荷载＋温降荷载
短暂状况	五	检修工况一	自重＋风荷载＋锁定荷载＋温升荷载
	六	检修工况二	自重＋风荷载＋锁定荷载＋温降荷载
偶然状况	七	地震＋正常运行工况二	自重＋静、动水荷载＋顶部设备荷载＋风荷载＋地震荷载

2. 主要荷载取值

景洪升船机塔楼荷载标准值一般可按荷载规范取值，这里只对风荷载和温度荷载的取值及设备荷载的分布进行讨论和说明。

(1) 风荷载。塔楼结构在顺河向的弯曲刚度很大，且该方向的受分面积较小，而塔楼横河向刚度较小，且受风面积较大，故计算时只考虑了横河向风荷载对结构影响。我国所有规范对风荷载的取值均按统一方法计算，即作用在塔楼结构单位面积上的风荷载标准值按下式计算：

$$w_k = \beta_z \mu_z \mu_s w_0$$

式中：w_0 为基本风压；μ_z 为风压高度变化系数；μ_s 为风荷载体形系数；β_z 为风振系数。

1) 基本风压 w_0。根据《建筑结构荷载规范》（GB 50009—2001）[1] 规定：景洪的基本风压值应取为 $0.5kN/m^2$。对重要的高耸结构，应按100年一遇的风压设计，应乘以重现期调整系数。根据《水工建筑物荷载设计规范》（DL 5077—1997）和《高耸结构设计规范》（GBJ 135—1990）规定，对应重要和有特殊要求的高耸结构，重现期调整系数可取为1.2。另由于景洪水电站处于山区还应乘以可偏安全系数，可偏安全系数取为1.5。故顺风向的基本风压为：$w_0 = 0.9kN/m^2$。

2) 风压高度变化系数 μ_z。风压高度变化系数应根据不同风向不同地面粗糙度按荷载规范取值。对景洪升船机塔柱，起控制作用的为横河向风，此时地

---

[1] 本书所涉及的规程规范均为工程设计阶段所执行的有效版本。

7.2 塔楼土建结构

面高程为 522.00m,塔楼高度为 92m,地面粗糙取为 A 类,μ_z 取为 2.35。

3) 体形系数 μ_s。对应横河向风,按照《建筑结构荷载规范》(GB 50009—2001) 和《高耸结构设计规范》(GBJ 135—1990) 规定,迎风面 $\mu_s=0.8$,背风面 $\mu_s=-(0.48+0.03\times\dfrac{H}{L})=-0.52$,实际上,升船机结构中间还有承船厢通道,塔楼的内立面也应有吸力存在,但荷载规范没有列出这类结构的 μ_s,套用《建筑结构荷载规范》(GB 50009—2001) 中表 6.3.1 第 17 项"封闭式对立两个带雨篷的双坡屋面"的规定,两内立面 μ_s 分别为 -0.4 和 0.2。故塔楼结构总的横河向风体形系数 $\mu_s=0.8+0.4-0.2+0.52=1.52$。

4) 风振系数 β_z。景洪升船机塔楼基本自振周期约为 0.884s,高度又大于 30m,高宽比大于 1.5,所以必须考虑风振影响。

根据《建筑结构荷载规范》(GB 50009—2001) 第 7.4.2 条规定,结构在 z 高度处的风振系数 β_z 可按下式计算:

$$\beta_z=1+\dfrac{\xi v \varphi_z}{\mu_z}$$

式中:ξ 为脉动增大系数;v 为脉动影响系数;φ_z 为振型系数;μ_z 为风压高度变化系数。

又 $\xi=1.44$,$v=0.47$,$\varphi_z=1.0$,则 $\beta_z=1.29$。

因此,作用于塔楼结构的风荷载为:

迎风面: $w_k=2.183\text{kN/m}^2$

背风面: $w_k=-1.419\text{kN/m}^2$

内侧立面: $w_k=-1.092\text{kN/m}^2$

$w_k=0.546\text{kN/m}^2$

(2) 温度荷载。考虑到升船机塔楼的施工周期较长,故结构计算的初始温度场为:气温取多年均值为 22.0℃,竖井及输水管道中水温取上游进水口高程 580.50m 库水温的年均值为 19.65℃,承船厢池中水温取多年均值为 18.5℃。计算中考虑温升与温降两种情况。

1) 温升。根据塔楼结构特点,高温场取为:气温取近 30 年月平均气温中最大值,即 1979 年 5 月的 27.7℃,同时塔楼外边界考虑到太阳辐射影响,其值增高 2.9℃,为 30.6℃,承船厢池中水温为 5 月对应的值 20.4℃,竖井及输水管道中相应地取 5 月对应的库水温 19.8℃。

2) 温降。低温场取为:气温取近 30 年月平均气温中最小值,即 1975 年 12 月的 13.3℃,同样塔楼外边界考虑到太阳辐射影响,其值增高 2.9℃,为

16.2℃，承船厢池中水温为 12 月对应的值 14.0℃，竖井及输水管道中相应的取 12 月对应的库水温 17.9℃。

以上的气温值和承船厢池的水温是根据水库专业提供的近 30 年景洪各月平均气温及水温多年月平均资料取得，竖井与输水管道中水温值是根据朱伯芳院士的库水温度计算公式计算水库高程 580.50m 的对应月份水温。

（3）设备荷载。

1）主机房吊车轮压。作用在主机房吊车梁上的轮压通过格构柱传至塔楼。

2）塔楼高程 614.00m 平台设备荷载。包括卷筒装置底座、盘型制动器装置、锥齿轮箱底座、同步轴轴承座、液压站、干油润滑站及动滑轮钢丝绳固定端均衡梁等产生的拉压力。

3）浮筒检修时，高程 594.50m 平台锁定装置产生的荷载。

4）高程 528.50m 承船厢锁定支座上的荷载。

根据不同的工况选取对应的设备荷载进行计算。

3. 计算结果

由于在塔楼中间部位设置了结构缝，为此有限元计算选取塔楼前半部分（桩号 D0+065.120～D0+099.920）为计算模型。塔楼结构三维实体模型见图 7.27，塔楼体形沿对称面剖面模型见图 7.28。

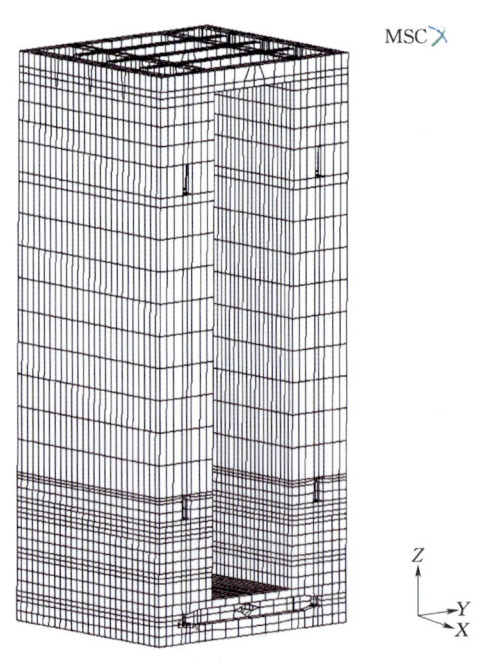

图 7.27　塔楼结构三维实体模型图　　　图 7.28　塔楼体形沿对称面剖面模型

通过对 7 种工况下位移场和应力场的分析，得出主要结论如下：

（1）塔楼结构的顺河向最大位移出现在地震工况下，塔楼上游侧顶部有最大位移约为-6.7mm，指向上游方向。在其他各工况下，塔楼的顺河向位移均不大，数值均在2.0mm以下。

（2）塔楼的横河向位移方向主要是指向右岸（风向），横河向最大位移也出现在地震工况下，塔楼顶部有最大位移约为19.00mm，指向右岸。在正常运行和检修工况下，主要受到风和温降荷载作用，塔楼顶部有最大为7.70mm的横向位移。

（3）受结构自重影响，塔楼结构竖向位移基本为下沉，在正常运行工况下，加上温降荷载的影响使得结构沉降值达到最大，为12.50mm，越靠近结构顶部沉降值越大。

根据《高层建筑混凝土结构技术规程》（JGJ 3—2002）规定：在正常使用条件下，结构应处于弹性状态，并有足够刚度，避免产生过大的位移而影响结构的承载力、稳定性和使用条件。按弹性方法计算得到的高度不大于150m的高层结构，顶部位移 u 与总高度 H 之比 u/H 不宜大于1/1000。

《高耸结构设计规范》（GBJ 135—1990）规定，高耸结构正常使用极限状态的控制条件应符合：在风荷载（标注值）作用下高耸结构任意点的水平位移不得大于该点离地面高度的1/100，这一标准显然过低，它主要适用于电视塔、烟囱、水塔等建筑物，不适用于顶部建有机房的塔楼结构。考虑到升船机塔楼结构的重要性，三峡升船机塔楼顶部 u/H 限值严格控制在1/1500~1/2000。

按照三峡升船机的标准，景洪升船机塔楼高92m，则水平位移限值 u 应为46~61mm，显然，在上面的各种工况下塔楼的水平位移远小于限值。

（4）塔楼竖井边墙顺河向应力受温度荷载影响较大，在温升情况下，边墙内侧（靠竖井一侧）为拉、外侧为压；在温降情况下，边墙外侧为拉、内侧为压；在检修工况下，边墙的内侧最大顺河向拉应力为2.75MPa；在正常运行工况下，边墙外侧最大拉应力为1.80MPa。竖井的底部在无温降荷载作用下，均出现了顺河向拉应力集中现象，最大拉应力出现在正常运行工况下，在竖井中水荷载和温升荷载的共同作用下，竖井底部出现了2.30MPa的拉应力，但拉应力区范围较小。

（5）在竖井内水压作用下，塔楼竖井间隔墙的横河向应力基本为拉应力，在竖井连通廊道的顶部出现了很显著的拉应力集中，最大拉应力在地震工况下达到了3.50MPa，在静力工况下，也达到了3.40MPa左右。塔楼之间的联系梁在各种工况下，梁底部也有较大的横河向拉应力，尤其是在地震工况下，最大拉应力达到了4.00MPa，在其他工况下，最大拉应力在1.00MPa左右。塔楼底板在输水管道以上部位受两侧塔柱自重和承船厢池水压的影响，出现了较大的横河向拉应力，受拉区高度约为1.25m，最大拉应力出现在承船厢检修工况，受温降荷载作用，最大拉应力为 1.75MPa。

（6）塔楼受自重影响，其竖向应力基本为压应力。在温升荷载影响下，竖井边墙内侧处于竖向受拉状态，在温降荷载影响下，竖井边墙外侧也处于竖向受拉状态，边墙的内侧最大拉应力约为 1.50MPa，出现在正常运行工况（温升）下，外侧最大拉应力约为 0.50MPa，出现在正常运行工况（温降）下。塔楼与基础接触面出现了较大的压应力集中，在地震工况下，最大压应力达到了 −12.00MPa。

通过对计算结果分析可知：塔楼由于其结构较为单薄，许多部位出现了较大拉压应力，如竖井隔墙、联系梁、承船厢池底板部位拉应力偏大，但采取一定的工程措施是可以改善这些部位的应力状况的。总体来说，塔楼结构设计是合理可行的。

7.2.3 塔楼顶部主机房结构设计

（1）输入荷载标准值。

1）屋面恒载：$0.5kN/m^2$（包含檩条重量）。

2）屋面活载：$0.5kN/m^2$。

3）基本风压值：$0.4kN/m^2$，地面粗糙度为 B 类。

4）基本雪压：0。

5）地震作用：按照设防烈度为 9 度计算，取地震基本加速度为 $0.40g$（根据河海大学做的塔楼静、动力试验研究，对应于 $0.1g$ 的地面加速度地震动，塔楼横河向加速度最大响应在 $0.4g$）。

6）吊车荷载：吊车自重 297t，最大起重量 320t。

结构构件自重由程序自动计算。

（2）结构材料。下部结构四管格构柱的主管采用 Q345B，材质属性依据《低合金高强度结构钢》（GB/T 1591—2008）标准，管材厚度均不大于 16mm，因此按规范实际拉压弯设计强度取 $315N/mm^2$，抗剪强度 $185N/mm^2$。

其余材料采用 Q235B，管材采用 20 号无缝钢管，材质属性依据《低合金高强度结构钢》（GB/T 1591—2008）标准，按规范实际拉压弯设计强度取 $215N/mm^2$，抗剪强度 $125N/mm^2$。

（3）计算程序。结构计算采用通用有限元设计分析程序 MIDAS/Gen 7.12，对结构进行分析计算。MIDAS/Gen 7.12 程序采用空间建模分析，能进行结构静力分析、特征值稳定分析、非线性分析以及地震反应谱计算、地震时程分析计算等。

（4）计算模型。本工程结构模型主要考虑了钢结构空间作用，结构采用空间梁单元及桁架单元，其中的梁单元的每个节点具有 6 个自由度，能模拟结构构件的拉、压、弯剪、扭以及翘曲等复杂的结构力学特性，桁架单元可以考虑构件的拉、压。主机房钢结构见图 7.29～图 7.32。

图 7.29　结构轴测图

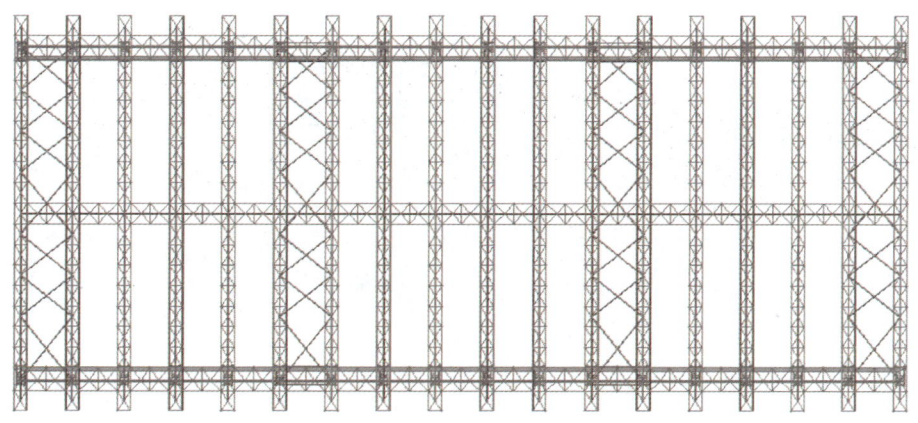

图 7.30　结构平面图

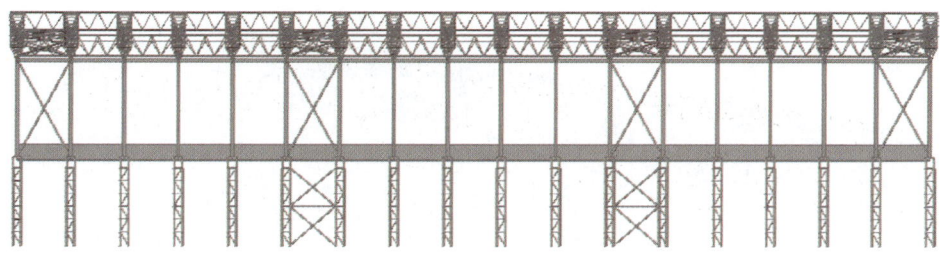

图 7.31　结构正立面图

(5) 荷载取值

1) 恒荷载。换算成屋面管桁架的单元荷载，为 1.5kN/m，见图 7.33。

2) 活荷载。换算成屋面管桁架的单元荷载，为 1.5kN/m，见图 7.34。

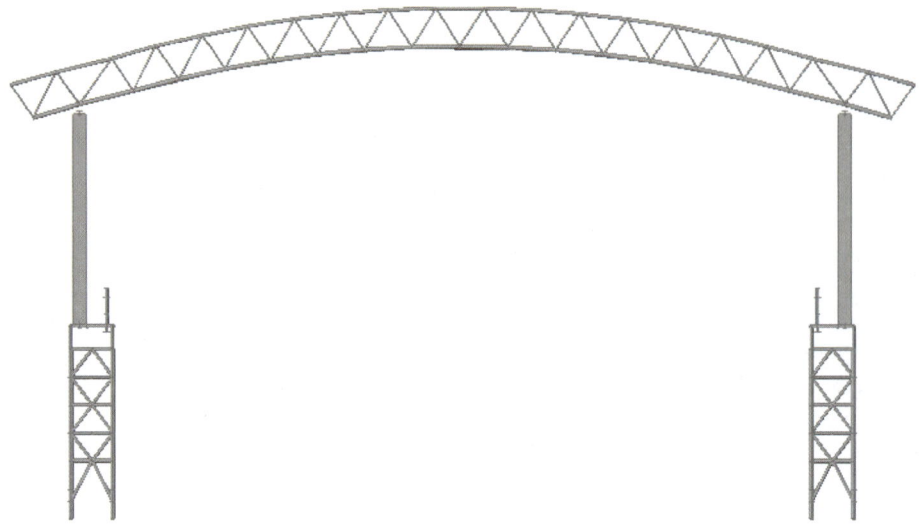

图 7.32 结构侧立面图

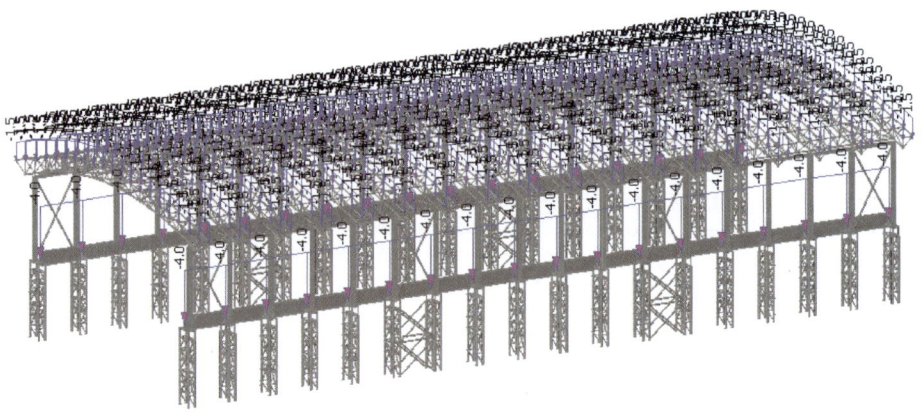

图 7.33 恒荷载 1.5kN/m

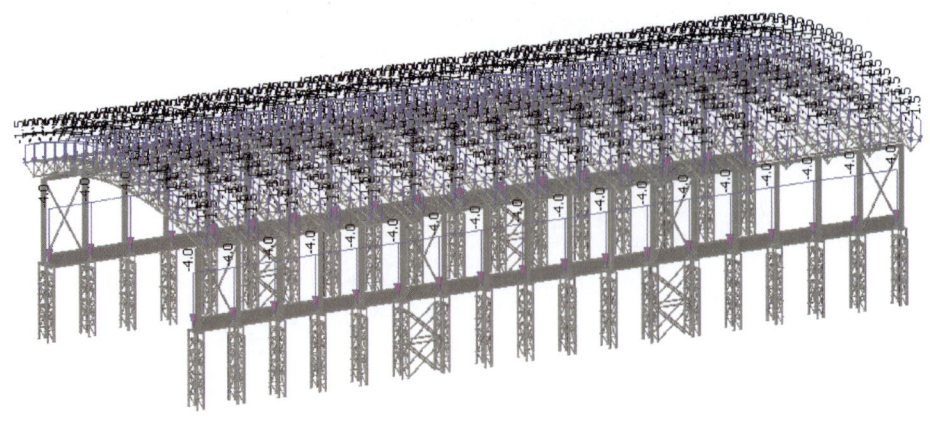

图 7.34 活荷载 1.5kN/m

3) 风荷载施加见图 7.35。

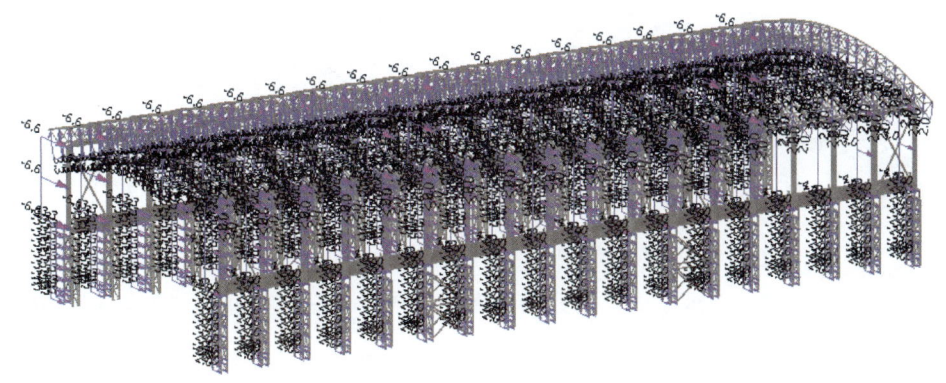

图 7.35 风荷载

4) 地震影响系数曲线见图 7.36。

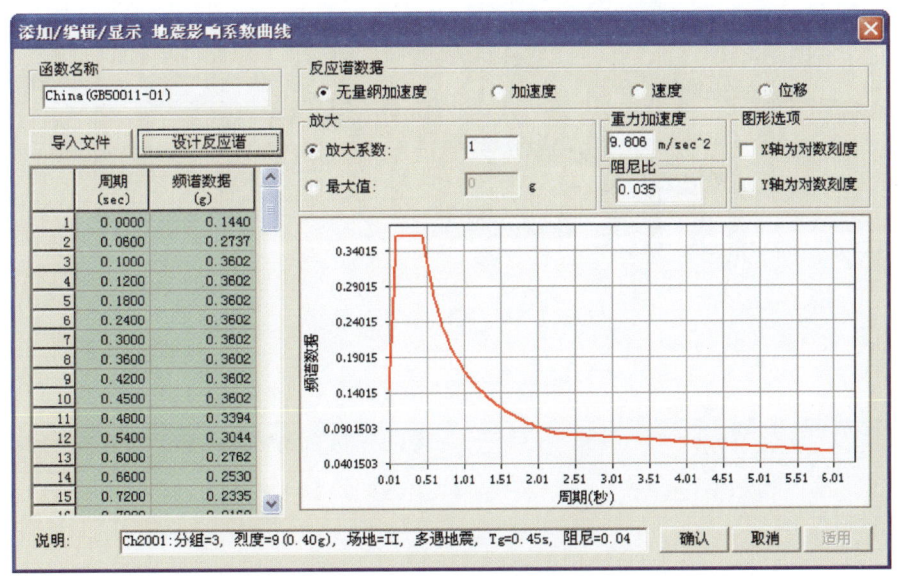

图 7.36 地震影响系数曲线

5) 吊车荷载施加见图 7.37 和图 7.38（图中的吊车荷载布置分别考虑了作用于结构中间的柱顶及作用于结构端部的柱顶的情况）。

(6) 荷载工况组合。采用线弹性分析，考虑自重、恒荷载、活荷载、风荷载、水平地震、吊车作用进行组合，本书选取包络值计算结果作为强度设计控制值，荷载工况组合见表 7.9。

(7) 结构变形结果。在吊车水平作用下，柱顶最大位移为 6.8mm，水平变形为柱高的 1/1470，结构整体的最大变形为 86.6mm。在恒荷载及活荷载作用下的最大变形为 51.4mm，挠度为 1/767。

图 7.37 吊车竖向作用

图 7.38 吊车水平作用

表 7.9 荷 载 工 况 组 合 表

组合编号	组合方式	组 合 内 容
1	gLCB1	$1.35D+1.4×0.7L$
2	gLCB2	$1.2D+1.4L$
3	gLCB3	$1.0D+1.4L$
4	gLCB4	$1.2D+1.4w_y$
5	gLCB5	$1.2D+1.4w_y$
6	gLCB8	$1.0D+1.4w_y$
7	gLCB9	$1.0D+1.4w_y$
8	gLCB12	$1.2D+1.4L+1.4×0.6w_y$
9	gLCB13	$1.2D+1.4L+1.4×0.6w_y$
10	gLCB16	$1.0D+1.4L+1.4×0.6w_y$
11	gLCB17	$1.0D+1.4L+1.4×0.6w_y$
12	gLCB20	$1.2D+1.4×0.7L+1.4w_y$

续表

组合编号	组合方式	组合内容
13	gLCB21	$1.2D+1.4\times0.7L+1.4w_y$
14	gLCB24	$1.0D+1.4\times0.7L+1.4w_y$
15	gLCB25	$1.0D+1.4\times0.7L+1.4w_y$
16	gLCB28	$1.2(D+0.5L)+1.3\times1.0E_y$
17	gLCB29	$1.2(D+0.5L)+1.3\times1.0E_x$
18	gLCB32	$1.0(D+0.5L)+1.3\times1.0E_y$
19	gLCB33	$1.0(D+0.5L)+1.3\times1.0E_x$
20	gLCB36	$1.2(D+0.5L)+1.3\times1.0E_y+1.4\times0.2w_y$
21	gLCB37	$1.2(D+0.5L)+1.3\times1.0E_y+1.4\times0.2w_y$
22	gLCB38	$1.2(D+0.5L)+1.3\times1.0E_x+1.4\times0.2w_y$
23	gLCB39	$1.2(D+0.5L)+1.3\times1.0E_x+1.4\times0.2w_y$
24	gLCB44	$1.2(D+0.5L)-1.3\times1.0E_y+1.4\times0.2w_y$
25	gLCB45	$1.2(D+0.5L)-1.3\times1.0E_y+1.4\times0.2w_y$
26	gLCB46	$1.2(D+0.5L)-1.3\times1.0E_x+1.4\times0.2w_y$
27	gLCB47	$1.2(D+0.5L)-1.3\times1.0E_x+1.4\times0.2w_y$
28	gLCB52	$1.0(D+0.5L)+1.3\times1.0E_y+1.4\times0.2w_y$
29	gLCB53	$1.0(D+0.5L)+1.3\times1.0E_y+1.4\times0.2w_y$
30	gLCB54	$1.0(D+0.5L)+1.3\times1.0E_x+1.4\times0.2w_y$
31	gLCB55	$1.0(D+0.5L)+1.3\times1.0E_x+1.4\times0.2w_y$
32	gLCB60	$1.0(D+0.5L)-1.3\times1.0E_y+1.4\times0.2w_y$
33	gLCB61	$1.0(D+0.5L)-1.3\times1.0E_y+1.4\times0.2w_y$
34	gLCB62	$1.0(D+0.5L)-1.3\times1.0E_x+1.4\times0.2w_y$
35	gLCB63	$1.0(D+0.5L)-1.3\times1.0E_x+1.4\times0.2w_y$

（8）主要构件的设计结果。格构柱及屋盖的主要构件的设计结果如下：格构柱 P273×16（格构柱主管，Q345B），最大应力比为 0.93，发生在柱脚（设计中该段带有柱靴，计算模型中未考虑柱靴的影响），柱靴以上柱段中的最大应力比为 0.61。

7.3 下闸首土建结构

7.3.1 工程布置

下闸首布置在塔楼段的下游侧，左临 2 号表孔泄槽，右临 1 号表孔泄槽，上接塔楼段，下接下游引航道。下闸首顺河向总长为 50m，坝轴线方向宽 40m，顶部高程为 553.00m，最大高度为 30m，见图 7.39。

图 7.39　下闸首布置图

下闸首中间为宽 12m 的通航槽，在通航槽左右两侧为宽 14m 的闸墩，为满足过闸水流平顺的要求，闸墩下游墩头型式采用圆弧形（图 7.40）。

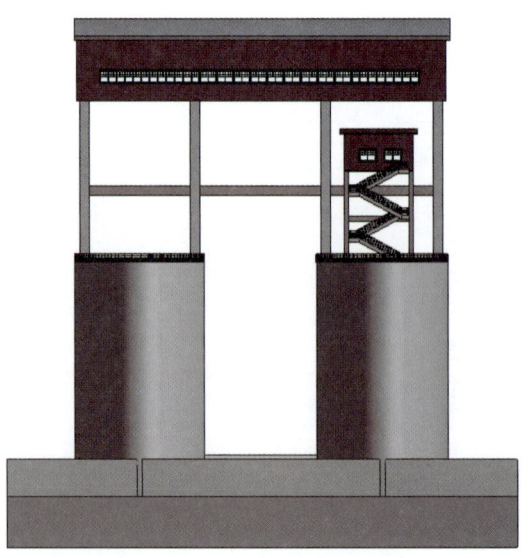

图 7.40　下闸首下游立视图

7.3 下闸首土建结构

在通航槽中设有下闸首检修门,下闸首检修门用于升船机停航检修时挡下游水,门槽中心线距下闸首上游端头 5.93m。通航槽底板高程在检修门槽处为 531.70m,在检修门槽下游为 531.50m。在通航槽左侧的闸墩内布置了下游控制阀室,阀室的尺寸为 21m×9m×14m(长×宽×高),底板高程为 531.05m,阀室顶部高程为 545.05m。下游控制阀室左、右边墙在高程 540.05m 以下厚为 2.5m,在高程 540.05m 以上厚为 1.5m,阀室上游墙厚为 4m,并设有一交通廊道与塔楼左侧楼梯相联系。

同时,为方便下游主阀的检修,在左侧闸墩中布置了一主阀吊物孔,孔口尺寸为 6.0m×4.0m(净宽×净高)。左闸墩内同时布置有升船机输水系统压力钢管,圆弧出口处布置输水系统出水口,见图 7.41~图 7.43。

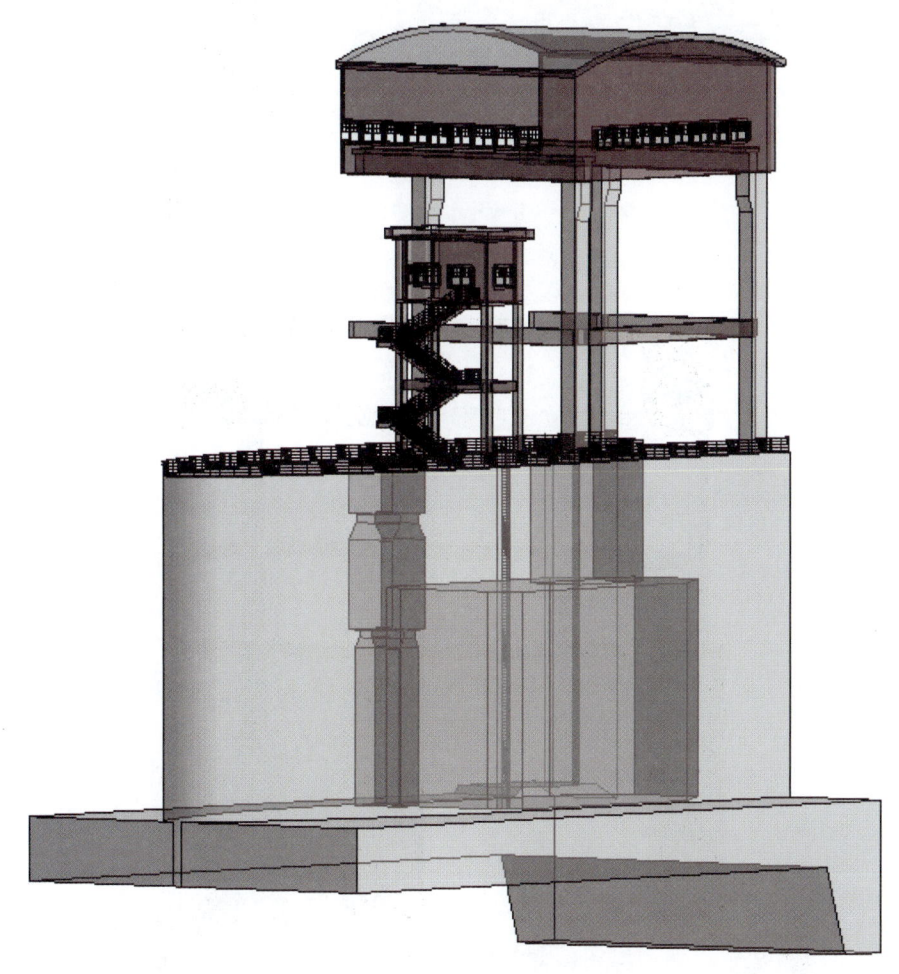

图 7.41 下闸首土建结构透视图

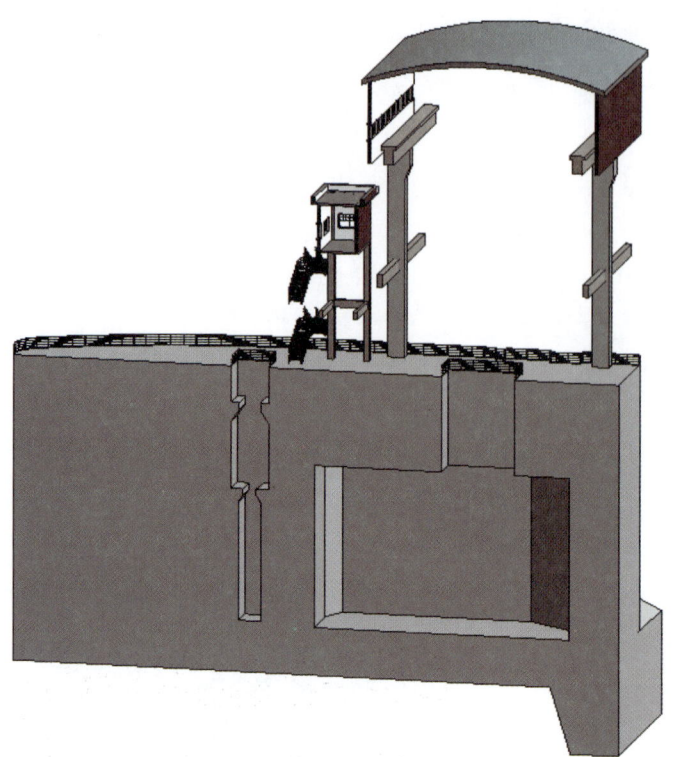

图 7.42 下闸首土建结构纵剖图

图 7.43 下闸首土建结构横剖图

7.3 下闸首土建结构

为了能在承船厢检修时将承船厢池内积水排出，在下闸首的右闸墩布置一抽水泵站，通过抽水泵将承船厢池水排入下游引航道中。

左闸墩建基面高程为 522.00m，其左边为 2 号表孔的泄槽，泄槽的建基面高程为 526.00m，泄槽底板顶部高程为 531.50m，其右边的通航槽建基面高程为 527.50m。右闸墩建基面为一坡比为 1∶0.3 斜面，坡底高程为 527.50m，坡顶高程为 543.00m，其右边为 1 号表孔的泄槽，泄槽底板高程 547.00m，见图 7.44。

图 7.44　下闸首土建结构仰视图

下闸首检修门桥机布置在下闸首顶部，桥机排架由钢筋混凝土梁和柱组成，排架宽 19.1m，长 40m，总高 27m（不包括顶部网架），见图 7.45 和图 7.46。

7.3.2　结构和配筋设计

下闸首主要由左、右两闸墩组成，右闸墩基本为实体混凝土，左闸墩为设有空腔的混凝土结构。

1. 左闸墩

左闸墩最大高度为 31m，受到的主要荷载为结构自重、水压力、扬压力。

图 7.45 下闸首排架（一）

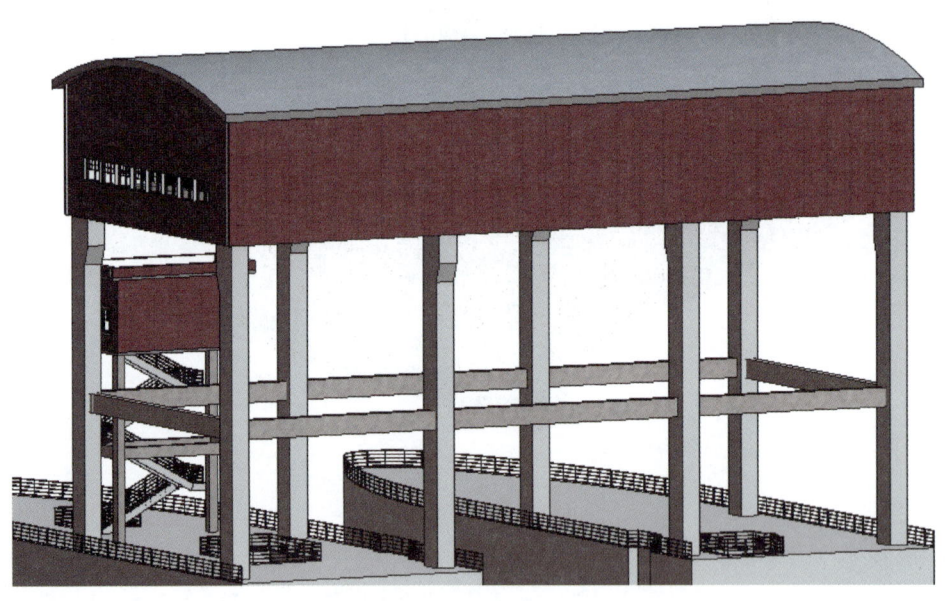

图 7.46 下闸首排架（二）

由于左闸墩左右两侧作用的水头一致，故左闸墩抗滑、抗倾覆稳定均满足要求。但由于在左闸墩内设有一大尺寸空腔，需根据《船闸水工建筑物设计规范》（JTJ 307—2001）规定，对左闸墩进行抗浮稳定演算。抗浮稳定计算时采用最不利工况，即当下游水位为校核水位，得到左闸墩抗浮稳定安全系数为 2.02，大于规范要求的值 1.1。

由于下游控制阀室边墙较薄,跨度又较大,最大厚度为 2.5m,最大跨度为 26m,为此在阀室上下游侧转角处进行了混凝土贴角处理,阀室平面型式类似于酒瓶状。同时,计算在下游控制阀室校核水位(564.00m)作用下结构的应力状态,表 7.10 给出了下游阀室边墙的应力计算结果。

表 7.10　　　　　　　　　　下游阀室边墙应力计算结果　　　　　　　　　　单位：MPa

项　目	最大拉应力值	位置	最大压应力值	位　置
顺河向正应力	1.55	左右边墙内侧变截面处	−4.68	左右边墙内侧上游端
横河向正应力	0.80	上游墙外侧中部	−4.07	阀室底板
竖向正应力	2.23	左右边墙内侧变截面处	−4.40	左右边墙外侧中部

(1) 顺河向应力。下游操作阀室左右边墙的上下游跨度达到 26m,在水压力作用下,使得边墙内侧面在高程 540.05m 附近出现顺河向的拉应力,最大拉应力为 1.55MPa,同时边墙外侧面在阀室上下游端也出现了一定的顺河向拉应力,但拉应力值较边墙内侧面拉应力值要小。边墙内侧面在上下游端出现了顺河向压应力,最大压应力为 −4.68MPa,出现在上游端。

(2) 横河向应力。下游阀室边墙在阀室高程 540.05m 截面上出现一定的横河向拉应力,最大拉应力为 0.8MPa。在阀室顶面、底板上出现了横河向压应力集中,最大压应力为 −4.07MPa。

(3) 竖向应力。由于阀室在高程 540.05m 边墙厚度发生了突变,在外部水压荷载影响下,边墙内侧面在高程 540.05m 处出现了较显著的竖向拉应力集中现象,最大拉应力为 2.23MPa,边墙外侧面在阀室顶部、底部也出现了一定拉应力。同时,边墙外侧面中部出现了压应力集中,最大压应力为 −4.40MPa。

总体而言,由于下游操作阀室顺河向跨度较大,阀室左右边墙内外侧面均出现了一定顺河向拉应力,同时由于边墙内外侧面也出了一定的竖向拉应力,拉应力并不是很大,可以通过配置钢筋解决。

(4) 配筋设计。根据结构计算进行如下配筋设计:下游控制阀室左右边墙内外侧对称均布置了 3 层顺河向钢筋和竖向钢筋,钢筋直径为 32mm,间距为 200mm,钢筋排距为 200mm。同时为了减小阀室边墙顺河向的跨度,在边墙中部设置了暗柱。

2. 右闸墩

右闸墩为实体混凝土结构,受到的主要荷载为结构自重、水压力、扬压力。由于右闸墩受到的水平荷载是作用在其左右的水压力，又左右两侧作用的水压力相同，故右闸墩抗滑、抗浮稳定、抗倾覆稳定均满足要求。

3. 通航槽底板

通航槽底板在桩号 D0+141.720～D0+147.150 间是不等厚的，最大板厚为 9m，最小厚度为 4m，在桩号 D0+147.150 以后板厚为 4m，底板布置双层钢筋，顺河向钢筋直径为 18mm，横河向钢筋直径为 25mm，间距为 200mm，排距为 200mm。为保证底板的稳定，降低底板的扬压力，底板基础设有锚筋系统。

4. 下闸首检修闸门桥机排架

检修门桥机排架布置在下闸首的顶部，排架柱的顺河向间距为 17.3m、横河向最大间距为 14m，由于排架柱较高，从柱底至牛腿处高为 17.4m，高宽比大于 10，在受竖向荷载作用时易发生失稳破坏，为此在排架柱中部增设了圈梁来增加排架整体刚度，圈梁高程为 562.00m。

桥机的吊车梁为三跨连续梁，梁截面为 T 形，梁的净跨分别为 10.71m、13.5m 和 11.21m，梁顶高程为 572.00m。

在高程 572.00m 以上的排架用铝镁锰板墙面围护，排架屋顶采用轻型网架结构。

7.4 引航道

7.4.1 上游停泊区

游停泊区主要功能为过坝船舶停泊编队，上游靠船建筑物为Ⅳ级建筑物，位于库区右岸，离坝轴线直线距离约为 600m。停泊区总长约 100m，轴线的方位角为 SE111°，由 4 个独立的圆形靠船墩组成，靠船墩上部断面为圆环形，外径为 4m、内径为 2m；下部断面为圆形，直径为 4m；底部为扩大的方形基础，基础底部最大断面尺寸为 10m×10m（宽×高）。中间两墩的间距为 40m，其余墩距均为 20m。靠近上游的两个靠船墩建基面高程为 574.50m，靠近下游的两个靠船墩建基面高程为 576.50m，靠船墩建基面基本处于强风化带中上部，各靠船墩顶部高程均为 605.00m，高出上游最高通航水位 3.00m。靠船墩最大高度为 30.5m。

4 个靠船墩在迎水面（临河侧）从高程 592.50～602.50m、背水面（靠岸侧）高程 598.50～602.50m 分别布置一列凳式系船柱，间距为 2m。在系船柱之间均设置了长度 1m 的 D 型橡胶护舷。

上游最高通航水位为水库正常蓄水位 602.00m，最低通航水位为水库死水位 591.00m，较建库前的天然水位抬高了 20m 以上。水库蓄水后主槽段流速减缓，水流趋直，弯道环流作用减弱，水面纵坡比降均将减小，流速趋于均匀化，流速较小。库前水面最大纵向流速在 0.5m/s 以下，横向流速小于 0.1m/s，航道宽度达到 800m 以上，对船舶航行及进出升船机十分有利。从泥沙淤积分布与淤积剖面来看，大部分泥沙均淤在深槽内，未发现由于泥沙淤积而导致主航道碍行的现象，由于水位抬升较多，即使是枯水年，水深也能满足航行、停靠和进出港作业的要求，不会对通航造成不利影响。

综合分析，水库建成后，由于水位抬高较多等因素，明显改善了上游的通航条件，能满足船舶航行、停靠和进出港作业的要求。

7.4.2　浮式导航堤

由于坝前水深较大，上游通航水位变幅达 11m，通航坝段两侧均为溢流坝段，为保证船舶安全进出上游航槽，需设置浮式导航堤。导航堤为两条 35m×7m×2.2m×1.2m（长×宽×深×吃水）的钢筋混凝土浮堤串联而成，由固定在上游河底的数根锚链定位。

1. 设计依据规范、标准及文件

（1）《钢筋混凝土船船体质量要求和检验方法》（GB/T 12302—1990）。

（2）《钢筋混凝土船船体建造技术条件》（JT/T 308—1997）。

2. 浮堤总布置

上游侧浮堤称 1 号浮堤；下游（与大坝连接）称 2 号浮堤。柔性连接即中间夹旧橡胶轮胎，用钢索绞紧，连接处配过人便桥。每个浮堤内设 10 道横舱壁，分 7 个水密舱。两端尖舱各设两道纵舱壁，浮堤内各舱均为空舱。2 号浮堤下游端板外设连接铰与大坝连接，并随浮堤上下移动。浮堤甲板上，在 1 号浮堤上游设 4m×4m（长×宽）上部建筑物，内分设值班室、配电室。其余甲板上设有锚泊用的缆桩、锚链筒、停靠船用缆桩、下舱人孔、通风孔、灯杆、栏杆等。浮堤甲板上不考虑堆放货物。

（1）浮堤结构。

1）本浮堤为方舟型，两端设有斜角。

2）浮堤结构形式为混合骨架式，底板、甲板为纵骨架式，舷板为横骨架式。

3）浮堤主要材料：混凝土强度等级 C30，普通硅酸盐水泥，中粗砂，一级配碎石，钢筋Ⅰ级、Ⅱ级，钢板 Q235。

4）建造形式为装配整体式，即浮堤纵、横舱壁和舷板、端板、甲板分块

预制，船台上装配连接，底板（底板梁）、舷边梁、端梁、接缝、设备加强部分为船台现浇混凝土。

（2）舾装锚泊、消防救生

1）浮堤锚泊定位方式。浮堤设锚泊缆桩 6 只，规格 $D350$ 直式焊接缆桩，$\phi 400$ 锚链筒 6 只。人力双速 3t 绞盘 2 台，浮堤连接及靠船用缆桩 15 只，规格 $D200$ 直式焊接缆桩。定位锚链在浮堤上要留有水位变化所用的锚链。

2）消防、救生：浮堤上应配备手提灭火器、消防水桶、船用救生衣、救生圈等。

3）浮堤本体为水泥本色，甲板粉抹水泥砂浆，水线下涂水落松（沥青漆），预埋铁件涂防锈漆，外露铁件、舾装设施涂防锈漆和黑色面漆，上建栏杆、灯杆等涂防锈漆。舱内清理后涂水泥浆。

7.4.3 下游引航道

下游导航墙为Ⅳ级建筑物。下游导航建筑物的布置和结构根据工程的地形条件及科研试验成果确定。

7.4.3.1 布置

下游引航道上接下闸首，下至下游停泊区，总长为 508.507m，桩号自 D0＋191.720～N0＋700.227，宽为 40m，渠底高程为 531.50m，由于受地形条件限制，下游引航道部分（桩号 D0＋400.000～N0＋640.227）布置在近 73°的弯段内，转弯半径为 222m。

在下游引航道左侧布置下游导航墙，总长为 443.227m，桩号自 D0＋257.000 至 N0＋700.227，在桩号 D0＋257.000～D0＋400.000 间为直线段，桩号 D0＋400.000～N0＋640.227 间为圆弧段，圆弧的半径为 252m，导航墙顶高程为 547.00m，最大墙高为 24m。为了方便过坝船舶进出停靠，在导航墙直线段中布置了由系船柱和系船环组成的靠船段，系船柱和系船环间隔布置，间距为 10m。

导航墙在 N0＋640.227 桩号以前为实体结构，在 N0＋640.227～N0＋700.227 为透空式结构。

7.4.3.2 结构设计

1. 导航墙结构设计

（1）实体导航墙的结构设计。实体导航墙铅垂断面设计为半重力式，临引航道面铅直，墙背坡比为1:0.5。导航墙设计为C20混凝土重力式挡墙，挡墙顶高程为547.00m，顶宽为2m，建基面高程在桩号D0+400.000以前为528.50m，在桩号D0+400.000~D0+505.714为530.50m，在桩号D0+505.714~D0+640.227间由于地质条件变化较大，建基面高程为523.00~529.20m不等，导航墙最大高度为24m。

导航墙底D0+400.000以前布置有锚杆和排水孔，锚杆为$\phi25@3.0m\times3.0m$，$L=5.0m$，排水孔为$\phi50@3.0m\times3.0m$，$L=4.0m$，导航墙在沿水流方向每20m设一纵向伸缩缝。在D0+400.000~D0+640.227导墙段，A~C导墙底布置锚杆$\phi25@3.0m\times3.0m$，$L=6.0m$；D~G导墙底布置锚杆$3\phi32@3.0m\times3.0m$，$L=9.0m$。

由于实体导航墙两侧水位差不大，其抗滑、抗倾覆稳定和地基承载力均可以满足要求。

（2）透空式导航墙的结构设计。为使下游引航道口门区水流在下泄流量达到最大通航流量7100m³/s时仍满足通航要求，导航墙在D0+640.227~D0+700.227设计为透空式结构，由混凝土立柱和柱间挡板构成。

混凝土立柱底宽为13m，顶宽为3m，立柱基础面高程为529.50m，柱顶高程为547.00m，柱高22m。挡板布置在立柱槽子里，每块板长为6.14m，厚为0.3m，端部高为1.55m，中间高1.35m，板中间隔设置透水槽、孔。

2. 引航道底板结构设计

引航道在桩号D0+400.000以前，设置了钢筋混凝土底板，底板建基面高程为529.50m，顶高程为531.50m，底板高2.0m。航道底板设置锚杆和排水孔，锚杆为$\phi25@3.0m\times3.0m$，$L=5.0m$，排水孔为$\phi50@3.0m\times3.0m$，$L=4.0m$。航道底板在沿水流方向设纵向伸缩缝。

7.5 结构安全监测

7.5.1 监测项目及方法

景洪水电站升船机的主要监测项目如下：
(1) 变形监测。包括表面变形、基础深部变形、接缝开合度。
(2) 应力应变及温度监测。包括钢筋应力、坝基压应力、混凝土温度及锚索荷载。
(3) 渗流监测。主要包括基础扬压力。

(4) 强震监测。主要采用表面变形监测点、水准点、正倒垂线、引张线、倾斜仪、多点位移计、锚索测力计、压应力计、渗压计、温度计、强震仪等监测仪器进行监测。

7.5.2 变形监测

变形监测包括：塔楼顶部位移监测，塔楼两侧塔柱挠度、倾斜变形监测，上闸首变形监测，升船机基础变形监测等。

（1）塔楼顶部位移监测。在塔楼竖井边墙顶部顺河向左右侧布置引张线，同时在每条引张线测点处对应布置表观点和水准点，以监测塔楼顶部水平及垂直位移。

（2）塔楼两侧塔柱挠度、倾斜变形监测。在左右侧两个楼梯井中布置正垂线和倒垂线，监测塔楼挠度变化情况。在两侧竖井内侧边墙布置倾斜仪，监测两侧塔柱的倾斜变化情况。

（3）上闸首变形监测。在上闸首左右侧布置正垂线和倒垂线，监测上闸首的挠度变化，并作为塔楼顶部引张线基准点。

（4）升船机基础变形监测。沿升船机中心线在上闸首基础和塔楼基础布置多点位移计，监测基础深部变形情况。

（5）接缝监测。在上闸首与塔楼结构缝、塔楼中部结构缝处和塔楼与下闸首结构缝处布置双向测缝计，监测结构缝处水平向的错动及结构缝的张开。

7.5.3 应力应变及温度监测

应力应变及温度监测包括：塔楼钢筋应力监测，竖井底部混凝土应变监测，塔楼混凝土温度应力监测，塔楼基础压应力监测等。

（1）塔楼钢筋应力监测。在两侧竖井井筒边墙外侧竖直向钢筋上、井筒最外侧及最内侧环向钢筋上、两侧竖井的井筒底部及塔楼联系梁中部的横河向钢筋上布置钢筋计，监测塔楼混凝土结构中的钢筋应力。

（2）塔楼混凝土温度应力监测。塔楼应力应变监测仪器兼测塔楼混凝土温度，此外在两侧竖井内外两侧边墙布置温度计，观测内外温差，以此推算温差引起的温度应力。

（3）塔楼基础压应力监测。沿基础接触面从上游到下游布置压应力计，监测基础面的压应力情况。

（4）锚索荷载监测。在塔楼联系梁上选取工作锚索布置锚索测力计，监测工作锚索的荷载情况。

7.5.4 扬压力监测

在塔楼底板、上闸首底板布置渗压计,监测扬压力分布情况。

7.5.5 强震监测

在塔楼顶部左右侧设置强震监测点,组成一个强震监测台阵,监测地震加速度变化情况。

第 8 章
监控及检测系统

8.1 监控检测系统总体要求

景洪升船机检测设备包括升船机整体运行的检测装置和状态监护监测装置两部分，它是电气控制系统中控制参数和状态信息的依赖基础。检测装置分散安装在升船机各检测部位，主要由前端检测、数据采集单元和与之配套的数据处理、传输单元组成。升船机在运行过程中，检测设备必须按预定程序向现地级控制单元发送一系列相关的被控参数和状态信息，计算机系统通过对这些数据的采集、分析、比对，实时对各类数据的可信度做出评价，才能及时发现、处理和预防各种可能出现的故障，择优对系统进行控制，保证升船机安全、可靠地运行。

8.2 运行检测系统

升船机的运行检测装置有下列几种：水位测量（水深测量）、升船机位移检测、流量检测、结构受力检测与船舶探测。此外还有与主体设备成套的行程测量、位置测量、开度测量、承船厢静态调平检测、监护检测等。

检测设备分别布置在上（下）游、上闸首、主机房及承船厢等处。这些检测设备对现场物理量进行检测，并将测试数据分别实时地传送到相应的现地控制子站，用于升船机的运行控制和状态监视。所配置的检测设备，具有较强的防潮、防腐及抗干扰性能；所配置的传感器皆为国外名优厂家生产的优良进口产品。

升船机检测设备由西安航天自动化股份有限公司成套提供。

8.3 检测量的分类

按照检测对象的位置和检测信号上送控制单元，将景洪升船机的检测内容分为上闸首、驱动主机房、承船厢和公用 4 个部分。

8.4 升船机的主要检测部位

（1）上闸首检测内容。包括：上游水位检测，上游引水管进口快速事故闸门上、下限位检测，上闸首引航道船舶探测，上闸首工作大门上、下限位检测，上闸首工作大门锁定装置锁定、解锁到位检测，上闸首工作小门全开、全关限位检测，上闸首间隙水深检测，上闸首通航工作小门通航底槛水深检测，上游停位检测，其他随主机设备的检测项目，例如上游引水管进口快速事故闸门开度、上闸首工作大门开度和上闸首工作小门开度检测等。

（2）驱动主机房检测内容。包括：竖井水深检测，浮筒内水深及浮筒位移检测，浮筒锁定装置进退到位检测，均衡油缸行程限位检测，同步轴扭矩检测，充泄水主管路流量检测，充泄水阀门上、下游压力检测，承船厢位置检测，下游阀室出口快速事故闸门上、下限位检测，下游引航道船舶探测，下游水位检测，其他随主机设备的检测项目，例如均衡油缸行程、下游阀室出口快速事故闸门开度检测等。

（3）承船厢检测内容。包括：承船厢水深检测，承船厢水平度检测，承船厢内船舶探测，承船厢上、下游承船厢门开度及全开、全关限位检测，承船厢上、下游承船厢门锁定装置前进、后退到位检测，承船厢防撞装置上、下限位检测，承船厢调平油缸行程限位检测，充压密封框前进、后退到位检测，充压密封框锁定装置前进、后退到位检测，夹紧装置前进、后退到位检测，顶紧装置前进、后退到位及楔块下滑 50mm 检测，导向装置导轮压力检测，承船厢入水深度检测，其他随主机设备的检测项目，例如承船厢防撞装置行程、承船厢调平油缸行程检测等。

（4）公用检测内容。包括：承船厢池水深检测，下游阀室集水井水位检测。

8.5 计算机监控系统

8.5.1 计算机监控系统设计原则

计算机监控系统负责对升船机的安全运行进行实时监控，监控系统设计遵循以下原则：

（1）按照"远方集中控制为主/现地控制为辅"的设计原则。为了将来航运调度统一管理，预留与航调监控系统的通信接口。

（2）针对景洪水力式升船机被控设备布置分散、各被控系统相对独立的状况，升船机计算机监控系统宜采用分层分布开放的系统结构。整个系统满足安全可靠、技术先进、性价比高、操作简便、易于维护、实用经济的要求，而且具有较强的升级换代能力。

（3）系统由中控室主控层及现地控制层组成，按照不同要求进行功能划分及功能设置，主控层设备故障不影响现地控制层功能的实现，控制系统的任何局部故障均不影响升船机的安全运行。

（4）自动控制系统控制流程准确、完善，能安全可靠、平稳、灵活、协调地控制升船机的全行程运行。各级控制设备具有足够的冗余措施。各子站具有必要的简化现地手动控制手段，可独立于上位机完成有关控制任务。

（5）各设备的调试能实现手动控制。可手动调试单个设备动作，完成单系统设备动作或一组设备动作。

（6）监控系统具有远方紧急停机功能。远方集中控制可依靠计算机监控系统实现。远方手动控制独立于计算机监控系统，通过集中设置的少量简化常规控制开关、按钮及监视仪表等，实现升船机紧急停机及必要的紧急处理操作。

（7）计算机监控系统具有高可靠性。与升船机安全运行密切相关的部分采用双重化设置或采用冗余技术，从部件、单机和系统多层次保证高可靠性要求。

（8）计算机监控系统应具有实时性好，抗干扰能力强，适应升船机的现场环境。

8.5.2 升船机计算机监控系统主要功能

（1）主控级监控系统是升船机的实时控制、监测中心。负责整个升船机的实时监视、流程控制、单机构调试及通航指挥，具有升船机自动控制、人机对话、实时数据处理、升船机系统时钟同步、故障报警及应对处理、历史数据管理，以及和上级调度、电站监控系统以及升船机其他控制系统间的通信等功能。

（2）主控级监控系统能迅速、准确、有效地完成对升船机被控对象的实时安全监视、实时流程控制和单机构调试控制。

（3）主控级监控系统能实现数据采集和处理、升船机实时动态运行屏幕显示、事件顺序记录、事故处理及恢复操作指导、数据通信、键盘和鼠标操作、系统状态自诊断、实时数据库管理、历史数据库管理、记录及历史报表打印、通航指挥、工业电视监视、系统设备运行维护管理、软件开发及培训等功能。

（4）在升船机中控室控制台上设置了独立于计算机监控系统的、控制整个升船机运行的少量简化常规控制开关、按钮及监视仪表等，实现升船机紧急停机及必要的紧急处理操作。

（5）升船机计算机监控系统按"远方集中控制为主/现地控制为辅"原则设计，正常工况下由中控室的操作员工作站发控制指令，进行升船机的运行控制，当上位机或网络故障退出运行时，可实现控制台常规控制设备的紧急控制，保证升船机工作在安全状态。

（6）当控制权切换到现地系统时，能在现地驱动控制单元（LCU）上通过触摸屏完成升船机整体运行过程，含连续运行和单步运行；在每个现地控制单元，都可以手动操作完成监控设备的动作，含单个设备的动作或一组设备的动作。

8.5.3 计算机监控系统网络结构

船机上位集中控制系统采用 100M 光纤双以太环网结构，由主控层和现地层构成。主控层采用双环网冗余设计，主控层各工作站及现地控制单元均接入双环网。

景洪升船机计算机监控系统主控层接入监控网络的设备有 2 台主机操作员工作站（双机热备）、1 台工程师/培训工作站、2 台数据服务器（双机热备）、1 台调度通信服务器、2 台打印机等，它们通过集控室的工业级以太网交换机接入以太环网。

现地层接入监控网络的设备包括公用 LCU 子站、上闸首 LCU 子站、承船厢 LCU 子站和驱动 LCU 子站。各 LCU 子站通过安装在现地的工业以太网交换机接入以太环网。

升船机各设备控制单元包括主管检修抽水泵控制系统、下游阀室集水井抽水泵控制系统、浮筒充水、抽水泵控制系统、承船厢池检修抽水泵控制系统等，它们不直接和主控层设备进行通信，通过 MB+网络实现与相应 LCU 子站的数据交换，通过 LCU 子站实现和主控层设备的间接数据交换。

第 9 章

结 论 与 展 望

在编写此书时,景洪水电站水力式升船机已安装调试、试运行完毕,并通过了中国水利水电建设工程咨询有限公司组织开展的升船机工程专项安全鉴定、水电工程质量监督总站组织开展的升船机工程试通航专项质量监督及云南省航务管理局组织开展的升船机试通航实船过坝试验。2016 年 8 月底,景洪水电站水力式升船机通过了云南省航务管理局组织的试通航验收。2016 年 12 月底,云南省澜沧江西双版纳航务管理处以西航航道〔2016〕4 号文、中华人民共和国西双版纳海事局以西海事航〔2016〕7 号文发布了《澜沧江景洪水电站升船机试通航运行》公告,标志着世界首台水力式升船机正式投运,过程充满艰辛,成果令人欣慰。

水力式升船机是一种全新的升船机型式,与传统型式升船机相比,具有以下较为明显的优点。

(1) 具有很高的运行安全保证措施。在船厢严重漏水等多种事故下仍可正常运行,方便快速地疏散乘客;同时具有水力和机械两套同步系统,进一步确保升船机的平稳运行和安全可靠。

(2) 机构简约、控制简化、运行可靠安全。由于以水力驱动代替电力驱动,水力式升船机节省了主提升机及其控制设备、低速大扭矩减速箱及其配套设备以及复杂的安全装置和控制系统等,避开了升船机设计、制造、安装及其维护等方面的难题。同时水力式升船机的所有控制都集中在充泄水阀门的启闭,具有操作灵活、简单、使用方便、维护费用低等优点。

(3) 可轻松地实现与下游引航道的入水对接,能适应船厢初始载水水深较大的变幅,即对误载水深的要求较低。

(4) 工程投资小,综合运行维护费用低。水力式升船机取消了主提升电机、低速大扭矩减速箱等设备,工程投资减少,相应的维护成本较低,因此具有较强的经济优势。

本书对水力式升船机的运行原理、布置形式、结构设计、力学分析等方面进行了系统翔实的阐述，运用电建昆明院 HydroBIM 设计平台对升船机系统进行了整体三维建模，对机械系统进行了机械系统动力学分析，对竖井系统进行了三维流体动力学分析，对升船机系统各部件进行了优化设计与有限元分析，结果令人满意。

水力式升船机是我国具有完全自主知识产权的一种高坝通航过坝建筑物型式，具有节能环保、安全可靠、维护保养成本低的显著优点，是一种有极大推广价值的"绿色节能"型通航过坝升船机型式，这种型式的升船机必将成为升船机的发展趋势，为解决在航运河道上修建水电站大坝和通航之间的矛盾提供一种安全、经济、快速的解决方式。

我国自主研发的、具有完全自主知识产权的世界上第一台水力式升船机成功建成了！

参 考 文 献

[1] 李自冲. 升船机设计变更专题报告[R]. 昆明：中国电建集团昆明勘测设计研究院有限公司，2008.
[2] 赵武云，史增录. ADAMS2013基础与应用实例教程[M]. 北京：清华大学出版社，2015.
[3] 李自冲，马仁超. 升船机承船厢自平衡及同步轴系统分析专题报告[R]. 昆明：中国电建集团昆明勘测设计研究院有限公司，2011.
[4] 李自冲，马仁超. 升船机调试分析及抗倾解决方案专题报告[R]. 昆明：中国电建集团昆明勘测设计研究院有限公司，2011.
[5] 李自冲，马仁超. 升船机抗倾解决方案设计说明[R]. 昆明：中国电建集团昆明勘测设计研究院有限公司，2012.
[6] 马仁超，李自冲. 水力式升船机抗倾斜理论专题报告[R]. 昆明：中国电建集团昆明勘测设计研究院有限公司，2012.
[7] 吴一红，张蕊. 水力式升船机抗倾斜研究专题报告[R]. 北京：中国水利水电科学研究院，2013.
[8] 江春波，张永良，丁则平. 计算流体力学[M]. 北京：中国电力出版社，2007.
[9] 胡亚安. 景洪水力式升船机充水阀门常（减）压模型试验研究[R]. 南京：南京水利科学研究院，2014.
[10] 刘笑天. ANSYS Workbench结构工程高级运用[M]. 北京：中国水利水电出版社，2015.
[11] 王勖成. 有限单元法[M]. 北京：清华大学出版社，2003.
[12] 王处军. 水力式升船机竣工安全鉴定设计自检报告[R]. 昆明：中国电建集团昆明勘测设计研究院有限公司，2016.
[13] 曾攀. 有限元分析及运用[M]. 北京：清华大学出版社，2004.
[14] GB 51177—2016 升船机设计规范[S]. 北京：中国计划出版社，2016.
[15] JTJ 307—2001 船闸水工建筑物设计规范[S]. 北京：人民交通出版社，2002.